基于寿命周期成本理论的
水工结构设计与维修管理优化

吴鑫淼　宋国强　郄志红　著

中国水利水电出版社
www.waterpub.com.cn
·北京·

内 容 提 要

为实现寿命周期成本（life cycle cost，LCC）优化理论在水工结构设计与管理中的具体应用，本书在工程领域 LCC 理论及实用模型分析、水工结构劣化评价及过程预测、结构风险分析、水工结构设计与维修管理优化模型及方法等与 LCC 密切相关的领域进行了针对性的研究，采用理论和实例相结合的方法介绍了新的实用模型和方法。

本书可供水利水电工程技术人员及高等院校、科研、设计、施工、管理等单位的有关人员参考。

图书在版编目（CIP）数据

基于寿命周期成本理论的水工结构设计与维修管理优化 / 吴鑫淼，宋国强，郄志红著. -- 北京 ：中国水利水电出版社，2020.6
ISBN 978-7-5170-8647-5

Ⅰ．①基… Ⅱ．①吴… ②宋… ③郄… Ⅲ．①水工结构－结构设计②水工结构－维修 Ⅳ．①TV314

中国版本图书馆CIP数据核字(2020)第107766号

书　　名	基于寿命周期成本理论的水工结构设计与维修管理优化 JIYU SHOUMING ZHOUQI CHENGBEN LILUN DE SHUIGONG JIEGOU SHEJI YU WEIXIU GUANLI YOUHUA
作　　者	吴鑫淼　宋国强　郄志红　著
出版发行	中国水利水电出版社 （北京市海淀区玉渊潭南路 1 号 D 座　100038） 网址：www.waterpub.com.cn E - mail：sales@waterpub.com.cn 电话：(010) 68367658（营销中心）
经　　售	北京科水图书销售中心（零售） 电话：(010) 88383994、63202643、68545874 全国各地新华书店和相关出版物销售网点
排　　版	中国水利水电出版社微机排版中心
印　　刷	天津嘉恒印务有限公司
规　　格	170mm×240mm　16 开本　7.25 印张　142 千字
版　　次	2020 年 6 月第 1 版　2020 年 6 月第 1 次印刷
定　　价	**45.00 元**

◉ 前　言 ▦▦▦▦▦▦▦▦

　　作为基础产业，水利工程在国民经济和社会稳定发展方面发挥着巨大的经济和社会效益。为了进一步开发水电能源、实现水资源的合理配置以及完善大江大河防洪减灾体系，我国还需要修建大批水利水电工程。水利工程设计与后期维护管理均需要庞大的社会资金投入，为了有效地利用和节约社会资金，进行工程设计方案优化及后期维修加固决策阶段的成本分析与优化是十分必要的。本书将寿命周期成本（life cycle cost，LCC）优化理论应用于水利工程设计与维修管理领域，旨在以结构整个寿命周期内的总成本最低为目标，对水工结构的设计和维修管理方案进行优化，在保证工程安全运行的前提下，更加科学有效地降低工程成本。

　　为实现 LCC 优化理论在水工结构设计与管理中的具体应用，本书主要在以下几个方面开展了较深入的研究：①工程领域 LCC 优化理论及实用模型分析；②提出了以结构可靠度为评价准则的水工结构劣化评价指标体系的建立方法，并将模糊可拓层次分析和人工神经网络模型应用于水工结构劣化评价；③考虑到水工结构劣化过程具有一定的随机性，应用 Markov 过程和蒙特卡罗模拟（Monte Carlo simulation，MCS）方法对水工混凝土结构劣化进程进行分析和预测；④在分析比较传统结构可靠度计算方法的基础上，提出了应用马尔可夫链蒙特卡罗（Markov chain Monte Carlo，MCMC）方法和子集（subset）法相结合的水工结构可靠度计算方法；⑤建立了基于 LCC 分析的水工结构设计优化模型，并利用粒子群算法（PSO）对设计方案进行优化；⑥建立了基于 LCC 分析的水工结构维修计划优化模型，并针对模型多目标、多约束的特点，提出了一种改进的分组非劣排序选择遗传算法（GNSGA - Ⅱ）。

本书内容全面、系统，介绍的模型和方法具有科学性和合理性，对 LCC 优化理论在我国水利工程设计和管理领域的具体应用具有很高的参考和借鉴价值。

本书第 1 章由宋国强编写，第 2～6 章由吴鑫淼编写，第 7～8 章由郗志红编写。由于作者水平有限，加之时间仓促，难免存在疏漏、不当之处，恳请批评指正。

作者

2020 年 5 月

◉ 目 录

第 **1** 章

绪　　论

 ### 1.1　问题的提出

我国是世界上兴修水利最早，拥有水利设施数量最多的国家之一。特别是中华人民共和国成立以来，我国修建的水利水电工程数量之多、工程规模之大，均位居世界首位。近年来，随着长江三峡水利枢纽和南水北调工程的修建完成，我国又开始了一个新的水利工程建设的高潮。目前引江济淮工程、滇中引水工程、西江大藤峡水利枢纽等重大水利工程建设进展顺利。水利工程投资巨大，我国近几年水利年度投资在 7000 亿元左右。因此，在保证工程安全运行的前提下，更加科学有效地降低工程成本是节约投资、保证水利建设进一步发展的前提。

为了满足进一步开发水电能源、实现水资源的合理配置以及完善大江大河防洪减灾体系的需要，我国还需要修建大批水利水电工程。对于这些工程，有必要在其设计阶段引进更加科学的设计理念，从工程的长远效益出发，在工程的安全性与经济性之间寻找最佳的设计方案。另外，我国目前正在运行的水利水电工程中有一部分修建于 20 世纪五六十年代。这些工程由于修建时经济技术条件的限制以及运行过程中得不到及时的养护维修，劣化现象非常严重。为使这些工程能够继续发挥其应有的作用，在其后续运行过程中必须采取一定的维护措施。而对于一些新建工程，随着运行时间的增加，劣化过程也是不可避免的。因此，针对工程运行的不同阶段，尽早制订科学、合理的维修管理计划，以最小的维修资金投入获得更好的工程性能和更长的使用寿命，是目前已经投入运行的水利工程面临的主要问题。

目前，我国在水工结构设计和维修管理成本优化方面的研究尚存在一些问题。从降低结构初始成本的角度对工程结构进行设计优化是目前水利工程设计优化普遍采用的方法。以结构断面（或整体）面积（或体积）最小化为目标函数，并以结构尺寸、强度和稳定性等要求为约束条件的优化模型被广泛用于重力坝、拱坝、水闸及渡槽等工程。这种以极限状态设计理论为基础的优化模型没有深入考虑结构在运行过程中可能发生的成本。实际上水利工程投资大，其一旦失事，不仅巨大的防洪、供水、发电效益毁于一旦，更会对人民的生命财产及国民经济造成极大的损失。因此，水利工程设计优化不仅要考虑经济性，还要考虑结构的安全性；不应只考虑初始成本优化，还应该考虑结构在运行过程中的维护管理成本和风险损失成本。随着结构可靠度研究的不断深入，基于可靠度的水工结构设计优化逐渐体现出更加合理的一面。水工结构可靠度设计规范对结构的安全性进行了较明确的量化，并在相应的优化过程模型中以结构安全性作为约束条件，但优化目标仍是结构初始成本最低，没有考虑结构的维修成本。

近年来，在水利工程维护管理方面，人们已经意识到及时的养护和维修是保证结构服役年限和服务水平的有效途径。但目前工程管理单位对水利工程的维修一般仅考虑当前次效益成本比的最大化，而没有从降低运行过程中总维修成本的角度事先制订合理的维修计划，造成了维修资金的浪费。为此，本书将寿命周期成本（life cycle cost，LCC）优化理论引入到水利工程的设计和维修管理领域，主要是针对工程建设往往只注重建设初期的成本，而忽视了工程从规划、建设、运营到破坏整个寿命周期的总体成本，从而造成结构寿命降低、运营成本增加的现实情况，旨在保证结构在其使用寿命周期中综合费用最少。

1.2 国内外研究及应用现状

寿命周期成本这一概念起源于瑞典铁路系统。1965年，美国国防部研究实施LCC技术，主要将其应用于军用器材采办领域，之后该方法在英国、德国、法国、挪威等国家的军队得到普遍运用。从文献检索结果看，目前LCC理论大多应用于设备和项目管理领域。其核心思想是从设备、项目的长期经济效益出发，全面考虑设备、项目或系统的规划、设计、制造、购置、安装、运行、维修、改造、更新直至报废的全过程，使 LCC 最小。自 20 世纪 80 年代起，寿命周期成本的理论逐渐应用到了交通领域，人们开始研究建设项目的全寿命成本优化问题，从成本的角度提出了全寿命管理的理念，综合考虑了建设成本后选择全寿命成本最优的方案。鉴于以往由于对基础设施耐久性认识不足或重视不够而引起许多经济损失的惨痛教训，以美国为首的一些国家率先针对道路、桥梁等基础设施项目提出了"寿命期成本分析"的概念，也称为"全寿命成本分析"（total life cycle cost analyze）。美国科罗拉多大学的 Dan M. Frangopol 以及日本的古田均等学者将 LCC 理论引入到桥梁、道路系统等工程的设计、维护管理及其方案优选决策当中，开辟了一个 LCC 理论与工程相结合的新的研究领域。之后该领域的研究引起了很多学者、工程师及有关政府部门的浓厚兴趣。由国际桥梁和结构工程协会（IABMAS）和美国土木工程师协会（ASCE）发起并主办的"土木工程设施 LCC 分析与设计研讨会"已经连续举办了多届，研究的热点问题主要有：①寿命周期内建筑物的性能分析与劣化程度评价；②建筑物各构件在环境因素作用下的劣化机制、劣化模型及劣化水平预测；③各种工程方案或措施的费用、工期、效果调查；④既考虑 LCC 最小又兼顾建筑物安全性的设计、补修方案的多目标优化；⑤如何考虑风险因素（如地震等）；⑥LCC 与结构健康监测等。

目前，土木工程领域应用 LCC 技术较广泛的国家依次为美国、日本、加拿大等，研究对象大多集中于道路桥梁等交通基础设施。美国已强制实施基建工程管理"全寿命成本分析"，即在设计施工阶段，不论是事先采取防护措施还是以后"坏了再修"，都要作出经济预算和比较，设计者和承建者要对工程的"全寿命"负责到底。此外，美国已在桥梁 LCC 优化设计和维护管理方面形成了较成熟的理论体系和方法。如 Frangopol 指出桥梁寿命周期成本包括设计成本、施工成本、检测成本、预防性或必要性维护成本、改造成本、失效成本、地震灾害作用成本等几类，并提出了考虑结构劣化的设计成本优化方法。Abaza 建立了适用于柔性路面维修加固优化的 LCC 分析模型。Liu Min 在分析了桥梁结构劣化过程不确定性的基础上提出了桥梁维修方案的优选方法。Kong 提出针对劣化结构进行维护成本分析时，不仅需要考虑维护方案对成本的影响，也同时需要考虑维护成本同结构性能提高之间的关系，并且详细论证了维护成本同可靠度提高之间的关系。韩国学者在 LCC 优化系统的开发方面做了大量工作，Lim，Jong-kwon 开发了用于钢梁桥设计和维修管理的寿命周期成本分析系统——LCCSteB；Lee Kwang-Min 开发了考虑地震风险的预应力桥梁 LCC 优化设计程序。在日本，由于地震发生频繁，LCC 理论还被用于震后道路系统修复方案的优选以及地震区多个桥梁维修的排序。随着 LCC 理念的不断深入，其应用领域得到不断拓展，文献［17］对常用于房屋修建的 5 种材料进行了 LCC 评估，以确定房屋遇到洪水后修复的可行性。

近年来，国内的一些学者也逐渐认识到了 LCC 研究在保证工程结构长期投资控制和服务水平方面的重要性，将 LCC 理论与分析方法用于道路桥梁工程的设计与维修决策。如文献［18］在对桥梁性能进行评估与预测的基础上，利用概率的思想表示结构所期待的维护时间和维护方案，并应用事件树的方法对维修决策进行优化。文献［19］在对桥梁寿命周期成本分析的基础上，提出了以桥梁寿命周期成本最小为优化目标对设计方案进行评估的方法。文献［20］对道路工程 LCC 分析中的风险分析原理和方法进行了研究。文献［21］针对城市管网的传统优化设计中仅考虑初始投资而没有考虑运行过程中维修管理成本的问题，提出了基于 LCC 的管网优化模型和计算方法。目前我国尚没有对水利工程 LCC 优化设计与维护管理相关的较为深入的研究，随着水工结构监测数据的不断完善、各种分析技术和优化算法的引入，LCC 技术会进一步应用于大型水利工程，如隧洞、大坝、渡槽、地下设施、海港工程等。

1.3 本书的主要内容

本书的主要内容有以下 6 个方面：

（1）在 LCC 理论研究的基础上，指出了水利工程 LCC 理论与应用研究的意义，并针对水工结构设计与维修管理优化的需要，提出了 4 种 LCC 计算实用模型：简化计算模型、非时变结构可靠度模型、时变可靠度模型以及 GLCC 模型。

（2）水工结构劣化评价。LCC 研究强调对结构整个寿命期内成本的合理分配与优化，而结构在寿命期内性能呈不断劣化的趋势，因此，结构劣化过程的预测与评价是 LCC 研究的基础。劣化评价是制订维修管理计划、确定结构风险水平的重要依据。本书以结构可靠度水平为评价准则，并以安全性、耐久性和适用性为子目标建立了水工结构劣化评价指标体系。针对目前水利工程评价常用的模糊综合评判方法和层次分析法存在的不足，提出了将两种方法的优点相结合，同时，考虑了评价因素的复杂性和不确定性，基于可拓学原理和方法建立了模糊可拓层次分析模型，并将该模型用于某水闸工程的劣化程度评价。另外，为了能够较好地利用和积累专家经验，使评价过程具有自动学习功能，本书提出了用于水工结构劣化评价的人工神经网络模型。该模型通过对已有评价案例的学习，能够比较好地表达评价指标与评价结果之间的关系，具有速度快、稳定性好等特点。

（3）水工混凝土结构劣化过程预测。结构劣化预测是在结构寿命周期的早期阶段对其未来某时刻状态的预测，劣化过程的预测是 LCC 优化结构设计的前提，也是维修管理方案优化的基础。目前，常用的预测模型是采用回归方法建立的确定性模型。但由于大多数劣化过程的影响因素，如材料质量、荷载、外界环境等均不能以确定值表示，另外，影响劣化进程的维修加固措施的效果和应用时间也是不确定的，因此，考虑结构劣化过程的不确定性，建立结构随机劣化预测模型是 LCC 理论应用的关键。本书基于马尔科夫（Markov）过程和蒙特卡罗模拟（Monte Carlo simulation，MCS）方法对混凝土结构的劣化过程进行了定量分析与预测。

（4）水工结构可靠度原理与计算方法。在水工结构运行过程中，外界环境、荷载以及结构材料本身都存在着不确定性，对结构不确定性的分析即为可靠度分析。可靠度分析是水工结构优化的前提和主要部分。本书在分析了几种常用的可靠度计算方法的基础上，针对水工结构失效概率较小，现有求解方法精度低、速度慢等问题，提出了应用马尔可夫链蒙特卡罗（Markov chain Monte Carlo，MCMC）方法和子集（subset）法相结合的水工结构可靠度计算方法。该方法不仅可以模拟任意分布的随机变量，而且通过抽样过程的动态控制，在不降低模拟精度的前提下，可以大大减少随机变量的抽样次数。

（5）基于 LCC 理论的水工结构设计优化。基于 LCC 理论的水工结构设计优化是指在结构设计之初，在保证工程服役年限内安全运营的前提下，确保其 LCC 最小的一种全新设计方法。传统优化设计的目标是选择构件尺寸以达到初始设计成本最低并满足规范的要求。然而，随着设计理论的不断成熟以及各种优化算法的引入，现代优化设计由传统的初始成本有效性发展为寿命周期成本有效性是必然趋势。为实现基于可靠度的水工结构 LCC 优化，本书在结构可靠度分析的基础上，对水工结构优化模型及优化方法进行了进一步研究。

（6）基于 LCC 理论的水工结构维护管理优化。在水工结构寿命周期内，由于外界环境和结构材料本身的原因，其性能劣化是不可避免的，维修养护措施是延缓或抑制劣化进程的有效方法。为实现维修资金的合理分配，建立了基于 LCC 理论的水工结构维修计划优化模型。考虑优化模型多目标、多约束的特点，在对传统优化方法研究基础上，本书提出了一种新的遗传选择操作方法，通过定义"约束违反度"的方式，使得各遗传个体满足约束条件的程度得以定量计算。将该选择操作方法与 NSGA‑Ⅱ 相结合，提出了一种新的多目标优化问题处理约束条件的分组非劣排序选择算法（GNSGA‑Ⅱ），并对该算法在水工结构维修计划优化中的具体实现过程进行分析。

第 2 章

寿命周期成本理论及实用模型分析

 ## 2.1 寿命周期成本理论基础

2.1.1 水利工程结构的寿命周期

如同生命体一样，工程结构也有从诞生到停止使用的一个时间过程，这个过程被称为工程结构的寿命周期。结构在整个寿命周期内要满足安全性、适用性、耐久性等要求。根据要求的不同，工程结构寿命可分为以下 3 类：

（1）技术寿命（technical service life）。技术寿命是指结构在使用过程中，因受到外界环境和人为因素的影响，结构性能不断劣化，以至于不能满足结构安全性要求为止的时间。技术寿命的终结标准是承载力极限状态，又称为安全寿命。

（2）功能寿命（functional service life）。功能寿命是指结构在使用过程中，因受到外界环境和人为因素的影响，结构性能不断劣化，导致结构无法满足正常使用要求为止的年限。功能寿命的终结标准是正常使用极限状态，如混凝土保护层开裂、剥落等耐久性破坏，因此又称为耐久性寿命。

（3）经济寿命（economic service life）。经济寿命是从经济合理性角度考虑，指结构使用到继续维修保留已不如拆换或重建更为经济时的期限。

基于工程结构寿命的分类，国内外对工程寿命的具体定义有多种，英国标准《建筑物及建筑构件、产品与组件的耐久性指南》（BS 7543：2015）将工程寿命定义为：构件或建筑物的运行、维护和修理不需要超额费用支出的实际时期。我国工程院院士范立础定义结构使用寿命是结构或结构构件在科学管理下，经养护、维修能够按预定目的使用的时间段。我国对水利工程的使用寿命目前尚无规范规定。文献［25］建议将水利工程使用年限定义为：考虑安全与经济的最佳平衡，水工建筑物在正常使用和维护下，自工程竣工验收合格之日起至安全性、适用性不能满足预定要求的期限，即建筑物在正常设计、正常施工、正常使用和维护下应达到的使用年限。

以上工程结构寿命分类和定义的不同之处是判断工程寿命终结标准不同，但各分类和定义对寿命周期起始点的界定是一致的，认为寿命周期起点为工程开始运行时刻。而本书从工程成本分析和优化角度考虑，工程的寿命周期应该扩展到成本可能发生的各阶段，即从工程规划阶段开始，包括规划、设计、施工、运营、养护、维修、加固、报废拆除全过程。为区分现有工程寿命的概念，该时间段或过程可称为工程的全寿命周期。工程全寿命周期的定义是寿命周期成本分析与优化的前提，只有考虑到工程各阶段或环节的成本和工程性能，才能获得真正的寿命周期成本优化结果。

2.1.2 工程寿命周期成本

美国国家标准和技术研究院（NIST）*Handbook* 135：*Life Cycle Costing Manual for the Federal Energy Management Program*（1995年版）中，寿命周期成本被定义为：拥有、运行、维护修理和处置某一项目或项目系统所发生的成本在一段时期内的贴现值的总和。该定义体现了LCC的主要组成，但对寿命周期的界定较模糊。基于以上工程结构全寿命周期的定义，工程结构寿命周期成本应该是指工程在整个寿命周期内一切可能发生的成本总和。在工程寿命周期成本中，不仅包括规划、设计、施工、养护维修等具体的经济成本，还应该包括环境成本和社会成本。环境成本和社会成本是指工程在其寿命周期内对环境和社会的不利影响，该两项成本是难以量化的隐性成本，需要在规划阶段考虑，与本书重点研究的工程设计和维修管理阶段的成本优化关系不大，因此，本书中LCC仅包括具体的经济成本，其计算公式可定义为

$$E(\text{LCC}) = C_L + C_M + C_R + E[C_D^L] \tag{2.1}$$

式中：C_L 为初始成本，包括规划、设计和施工成本；C_M 为日常运行成本；C_R 为维修加固以及构件替换成本；$E[C_D^L]$ 为结构失效或破坏成本。

以上各项成本中，规划、设计费用一般取工程预算的一定百分比；施工成本包括施工材料费、人工费、机械使用费等，在工程设计方案确定后，施工费可通过工程预算获得；日常运行成本主要指工程检测和常规维护成本；维修加固以及构件替换成本与工程维修计划或策略有关，其中，维修加固成本为工程实际维修加固面积与相应单位成本（包括人工费）的乘积；结构失效和破坏成本为工程失效或破坏概率与相应成本损失的乘积，该项成本的计算最复杂，需要分析工程在整个寿命周期内的风险，各种失效模式及发生概率，由于结构失效所需要的维修、更换费用（结构本身及设备）和结构丧失使用功能而引起的直接或间接损失。

由于工程寿命周期内的各项成本是在不同时间发生的，一般利用贴现率将未来成本折算成现值，以便于比较。未来成本与现值之间的换算关系为

$$C_P = \frac{C_N}{(1+\gamma)^N} \tag{2.2}$$

式中：C_P 为净现值成本；C_N 为工程在未来第 N 年发生的成本；γ 为分析时刻的贴现率。

由式（2.2）可知，贴现率 γ 的大小对 LCC 有很大影响。如何选择贴现率是一个较困难的问题。一般要求所选择的贴现率不低于资金的机会成本或最低回收率，在具体应用中，大多采用国家管理机构定期公布的行业基准收益率。

2.1.3　寿命周期成本分析与优化

2.1.3.1　寿命周期成本分析

寿命周期成本分析（life cycle cost analysis，LCCA）是以经济分析原理为基础来评价备选方案的长期经济效益率的一种技术，常用于产品的研制开发和设备的维护管理。将 LCCA 技术和方法引入到工程领域，目的是对工程寿命周期内各阶段进行决策支持，确定投资的最佳方案，即满足性能要求的 LCC 最低的方案。LCCA 的理论与方法既适用于新建工程，也适用于已建工程。对于新建工程，在工程的酝酿阶段，对其规划、设计、施工以及运行过程中的维修管理方案进行成本计算，在寻求总成本最低的目标指引下，确定各阶段的最优方案；对于已建工程，可在其后续运行的各阶段寻找相应的最优投资方式。在这里，需要强调的是 LCCA 不是简单的经济评价方法。由于工程结构在整个寿命周期受诸多不确定因素的影响，如结构材料本身的不确定性、外界环境的不确定性以及维修效果及成本的不确定性等，使得寿命周期内各阶段成本的计算都存在不确定性，而且这些不确定性对最终的决策结果有很大影响。在 LCCA 具体应用过程中，按照是否考虑不确定性因素对 LCC 的影响，寿命周期成本分析方法可分为确定性 LCC 分析（DLCCA）和随机 LCC 分

析（PLCCA）。图2.1和图2.2所示为两种LCCA的步骤。DLCCA没有考虑LCC影响因素的不确定性，且分析结果也为确定值，分析方法和步骤较简单；而PLCCA考虑了LCC影响因素的不确定性，且其分析结果也为某种概率分布。虽然PLCCA的计算过程较DLCCA复杂，需要对不确定数据进行统计分析和随机模拟，但其决策结果更加科学、合理。

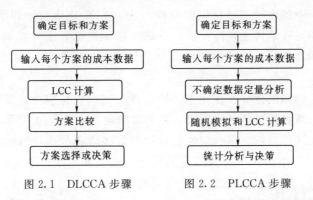

图2.1　DLCCA步骤　　　图2.2　PLCCA步骤

2.1.3.2　寿命周期成本优化

LCC优化是指将从初始设计到维修直至失效的各个阶段作为一个完整并且相互联系的设计过程来进行优化。广义的LCC优化应该考虑包括设计阶段、建造阶段、使用阶段和失效阶段的整个寿命周期的成本优化。LCC优化与传统优化的不同在于其目标函数是整个生命期内的总费用。本书主要从设计和维修角度考虑对水利工程LCC进行有效优化。

水利工程LCC设计优化的基本含义是指在工程结构设计之初，就考虑在保证工程寿命周期内安全运行的前提下，力求其寿命周期内总成本最优的一种全新的设计理念，而基于LCC理论的工程维修优化是指对已建工程进行维修养护时，也应该从寿命周期成本最优的角度出发确定维修计划或方案，只是这时的寿命周期是指从维修开始到工程失效或停止运行的时间段。

在LCC优化过程中，只追求LCC最低是不合理的，还要兼顾工程结构在整个寿命周期内的性能要求、风险标准以及在各阶段内的具体约束（如设计阶段结构尺寸的限制、维修管理阶段投资的控制等）。因此，LCCA本质上是一个多目标、多约束的优化问题。在对寿命周期内各阶段成本组成分析的基础上，建立由优化目标和一定约束和控制条件组成的优化模型，并通过一定的优化搜索技术寻找最优的工程设计和运行管理方案是LCCA的最终目的。工程结构LCC优化需要解决以下关键问题：

（1）结构寿命周期内性能评价与预测。LCC优化是在保证结构性能前提下的成本优化，因此，结构性能的评价与预测是LCC优化的前提。性能评价是对工程运行到某一时刻的性能状态的评价，是制订维修管理计划、确定结构风险水平的重要依据；性能预测是在结构寿命周期的早期阶段对其未来某时刻性能的预测，是 LCC 结构设计和维修管理优化的基础。考虑结构性能变化的随机性，并建立维修方法与维修成本及维修效果之间的定量关系是实现工程维修优化的关键。

（2）考虑不确定性的结构风险分析。基于 LCC 确定设计和维修方案时不应只考虑成本，还应考虑风险的降低（结构性能或可靠度的增加），并满足结构可接受的风险水平。因此，结构风险及其成本分析是 LCC 优化的一个主要内容。

（3）优化模型的建立及优化方法的选择。LCC 优化应该贯穿于结构规划、设计、施工、维护管理的各个阶段，根据各阶段具体要求的不同，可以建立多目标、多约束或单目标、多约束的优化模型，各阶段的优化目标为（或包括）LCC 最小化。约束条件一般为结构的尺寸、性能和安全水平的要求以及阶段投资的限制等。LCC 优化可根据优化模型的具体要求，选择动态规划、遗传算法等在工程领域应用较成熟的方法。

 ## 2.2　寿命周期成本实用模型

LCC 理论应用的关键是寿命周期成本分析并在此基础上建立具体的 LCC 计算模型。由于 LCCA 贯穿于规划、设计、维修管理等结构寿命周期的各阶段，且需要考虑劣化的时间性和随机荷载作用，使其计算变得复杂。目前，大多数 LCC 研究侧重于理论研究，通过查阅相关资料并考虑实际应用中的关键问题，本书提供以下较为实用的 LCC 计算模型，主要用于结构设计和维修管理阶段成本的优化。

（1）LCC 简化计算模型。

$$E(\text{LCC}) = C_L(x) + \sum_{t=1}^{T} \frac{1}{(1+q)^t} \{ C_M(x,t) + C_R(x,t)$$

$$+ \sum_{k=1}^{k} P_k[d_k(x,t)] r_k[d_k(x,t)] C_I(x) \} \qquad (2.3)$$

式中：$E(\text{LCC})$、C_L、C_M 和 C_R 的含义同式（2.1）；x 为设计变量（如构件尺寸、保护层厚度等）；t 为结构运行时间；T 为结构寿命周期；d_k 为结构破坏状态（$k=1, 2, \cdots, k$）；P_k 为破坏状态 d_k 的发生概率；r_k 为破坏状态 d_k 造成的损失占初始成本的百分比；q 为折现率。

LCC 简化计算模型将结构寿命周期内的各项成本均表示为设计变量 x 和运行时间 t 的函数，这些函数可以根据工程统计数据并结合专家经验确定。如果没有大量的工程监测数据，很难得到结构寿命期内各项成本与变量 x 和 t 之间的关系表达式。

（2）考虑寿命期内各种破坏（失效）模式的非时变结构可靠度模型。基于 LCC 的结构设计优化需要预测各设计方案对应的寿命期内的破坏（或失效）概率及成本。假定结构性能不随时间变化，即忽略结构劣化过程，则考虑结构在寿命期内的各种失效模式的发生概率和相应成本即可在设计阶段计算结构的破坏（或失效）概率及成本。该方法对应的 LCC 计算模型如下：

$$E(\text{LCC}) = C_\text{L}(x) + E[C_\text{D}(x, T)]$$

$$= C_\text{L}(x) + \sum_{k=1}^{m} P_\text{f}^k(x, T) C_\text{f}^k(x) \tag{2.4}$$

式中：$E(\text{LCC})$、C_L、x 和 T 的意义同式（2.3）；$E[C_\text{D}(x, T)]$ 为结构寿命期内破坏成本的预测值；k 为结构寿命期内可能发生的失效模式的个数（$k=1, 2, \cdots, m$）；P_f^k 为结构寿命期内第 k 个失效模式的发生概率；C_f^k 为第 k 个失效模式造成的成本损失。

该模型需要对结构所有的破坏极限状态进行可靠度分析。由于结构的各种破坏模式之间可能存在一定的相关性，因此，通过计算结构各种破坏模式的相关性，进行系统可靠度的计算更为合理。另外，该模型没有考虑结构寿命期内的日常运行和维修成本，在一些 LCC 计算模型中，将这两项成本视为初始成本 C_L 的函数，从工程量角度考虑，此简化计算正确，但初始成本的增加一般会在结构强度、整体性方面有所提高而导致维修成本的降低。因此，在设计方案比较过程中，可认为日常运行和维修成本与实际变量 x 的选取关系较弱，对决策方案的最后选取贡献不大，而在 LCC 计算模型中被省略。

（3）考虑风险的时变结构可靠度模型。上述两个 LCC 计算模型均没有考虑结构在寿命期内可能遭受突发性事件，如地震、洪水、撞击等。另外，结构在长期荷载和外界环境的作用下性能会不断劣化，突发性事件对结构的损伤程度与结构当时的性能水平有关。为计算方便，可将结构在整个寿命期内按性能水平分为不同的状态，即结构的破坏概率除了与荷载有关外，还与结构当时所处的状态有关。同式（2.4）的假定，忽略寿命期内的日常运行和维修成本，下面以考虑突发事件为例，给出用于设计阶段的 LCC 计算模型：

$$E(\text{LCC}) = C_\text{L}(x) + E[C_\text{F}(x, T)] \tag{2.5}$$

式中：$E[C_\text{F}(x, T)]$ 为结构寿命周期内由于突发事件造成的破坏成本的期望值；C_L 意义同前。

$$E[C_\text{F}(x, T)] = \int_0^T \frac{1}{(1+q)^t} \sum_{k=1}^{m} \sum_{j=0}^{\infty} P_\text{f}(k, j) s(j, t) f(k, t) C_\text{f}(x, t) \mathrm{d}t$$

$$\tag{2.6}$$

式中：k 为结构寿命期内的状态划分；j 为突发事件的规模；$f(k,t)$ 为 t 时刻结构处于状态 k 的概率；$s(j,t)$ 为 t 时刻发生突发事件的规模为 j 的概率；$P_f(k,j)$ 为结构处于 k 状态时发生 j 级突发事件导致破坏的概率；$C_f(x,t)$ 为结构一旦破坏造成的成本损失。

该模型的应用前提是预测结构在任意时刻的劣化水平和风险水平，并通过可靠度计算得到针对不同劣化水平与风险水平组合情况下结构的破坏概率。构件破坏成本 $C_f(x,t)$ 不仅与设计变量 x 有关，还与结构已运行时间有关，因为结构运行时间越长，其由于破坏造成的成本损失越小。该模型的缺点是没有考虑维修加固措施对结构性能的提高。

（4）GLCC 模型。以上 LCC 计算模型可应用于针对某一结构的设计或维护管理优化，但有时需要对现有多个结构进行维修加固处理，在资金有限的前提下就涉及投资排序问题。这时，引入 GLCC（维修加固前后 LCC 的差）作为排序依据，GLCC 较大者先投资维修加固。由于重点考虑加固对 LCC 的提高，所以忽略了其他成本，只考虑加固和破坏成本：

$$E(\text{LCC}) = C_R + P_F C_F \tag{2.7}$$

式中：P_F 为结构破坏概率。

由式（2.7）可以看出，即使加固成本较高，但由于降低了结构风险也可以使 LCC 变小。

$$\text{GLCC} = \text{LCC}_0 - \text{LCC}_R = P_0 C_0 - (C_R + P_R C_R) \tag{2.8}$$

式中：P_0 为结构未加固前的破坏概率；C_0 为结构加固前预计的破坏成本；P_R 为结构加固后的破坏概率；C_R 为结构加固后的破坏成本。

LCC 模型在工程领域进一步应用的关键是建立针对各种不同建筑形式的结构劣化、破坏模型和成本计算及优化模型。目前，国内外对水工建筑物 LCC 理论和应用的研究尚不多见。水工建筑物由于所受外界环境及荷载的特殊性，有必要在其劣化机理及过程、风险分析、设计与维修管理方法等与 LCC 密切相关的领域做针对性的研究。

第 3 章

水工结构劣化机理及劣化评价

 ## 3.1 水工结构劣化机理

　　水利工程种类繁多，主要有壅水建筑物、泄水建筑物、输水建筑物、水电站厂房、排灌泵站、水闸、堤防、渠道及渠系建筑物等。建筑材料主要是混凝土和钢筋混凝土。混凝土建筑物在长年运行过程中由于材料本身以及外界环境的影响，结构性能会逐渐发生变化，其安全性、适用性、耐久性不断降低的过程称为劣化。水工混凝土结构与其他混凝土结构工程相比，工作环境湿度大、日照强烈、受水污染和氯离子侵蚀影响劣化速度较快，特别是 20 世纪 80 年代中期以前修建的高掺粉煤灰的混凝土水工建筑物强度普遍较低，经多年运行出现严重劣化现象。水工混凝土劣化机理的研究是科学评价劣化程度以及对劣化过程进行定量分析的基础。

　　20 世纪 80 年代，水利电力部水工混凝土耐久性调查组调查了全国 32 座大坝和 40 余座钢筋混凝土闸及土坝中的混凝土建筑物，总结出引起水工混凝土劣化的主要因素，包括冻融循环、混凝土碳化、碱集料反应、化学腐蚀、钢筋锈蚀、冲刷磨损和汽蚀破坏等。

3.1.1　冻融循环

冻融破坏是指在水饱和或潮湿状态下，由于温度正负变化，建筑物的已硬化混凝土内部孔隙水结冰膨胀，过冷的水发生迁移从而产生各种压力，当压力超过混凝土结构能承受的强度时，即产生微裂缝。在循环冻融作用下，这种压力使混凝土内部空隙（即微裂缝）逐渐增大、扩展并贯通，最终导致混凝土结构出现由表及里逐渐剥蚀的破坏现象。我国北方很多温度达到冰点的地区，混凝土结构劣化普遍是因为混凝土中饱和水结冰造成的冻融侵蚀。但混凝土的冻融循环破坏不仅仅发生在寒冷地区，温热地区混凝土建筑物同样会遭到干、湿、冷、热交替的破坏作用，如浙江省的富春江水电站、湖南省的桃江水库等，都发生过不同程度的冻融破坏。水工建筑物水下部分长期处于饱水状态，水上部分在潮湿环境中水分难以扩散蒸发，因此，冻融循环造成水工建筑物破坏的现象普遍存在。

冻融破坏最常见的现象是由于水泥石的崩裂部分砂浆呈粉状剥落而露出骨料，致使结构发生表层剥落、结构疏松等破坏，也有在构件的端部、水工建筑物平行于水面线处产生的线状裂缝。混凝土结构一旦产生冻融破坏容易导致钢筋锈蚀而严重影响结构的耐久性。混凝土的抗冻性与混凝土的饱水率、孔隙率、渗透性有关，也与水泥品种、骨料质量、受冻龄期及是否掺入引气剂等因素有关。

3.1.2　混凝土碳化

混凝土碳化是一个复杂的物理化学过程，空气中的 CO_2 气体不断地沿着不饱和水的混凝土通道毛细孔渗入混凝土中，与混凝土孔隙液中的 $Ca(OH)_2$ 进行中和反应，生成低碱性的碳酸钙 $CaCO_3$，这种现象称为碳化。由于混凝土碳化过程中，孔隙液的碱度逐渐下降，pH 值降到 10 以下，直至 8.5 左右，因而混凝土碳化过程也称为中性化过程。研究表明，碳化初期 CO_2 在混凝土中扩散和反应的速度很快，碳化深度增长快，但随着时间的延长则逐步衰减，至一定龄期后渐趋稳定。一般认为，混凝土碳化不会导致混凝土性能劣化，相反会提高混凝土的密实性和强度，增强混凝土抗化学腐蚀能力，但碳化降低混凝土的碱度，当碳化到一定深度时，会破坏钢筋表面的钝化膜，在适宜的环境下导致钢筋锈蚀。

影响混凝土碳化的主要因素是环境和混凝土质量。环境因素主要指周围介质的温度、湿度和 CO_2 浓度。混凝土质量因素主要包括是水泥品种、水泥用量、水灰比、施工质量等。水工混凝土建筑物各构件的混凝土质量区别不大，但环境有较大差别。建筑物水下部分由于混凝土含水率高、渗透力低，且

CO_2浓度较大气环境下低，此部位混凝土碳化速度极其缓慢，而处于水位变动区的混凝土结构由于空气湿度不断变化，CO_2向混凝土内部渗透的速度将加快，混凝土的碳化速度也因此而加快。

3.1.3 碱集料反应

碱集料反应指混凝土骨料中某些活性物质与混凝土微孔中的碱性溶液发生化学反应，生成碱-硅酸盐凝胶。研究发现，碱集料反应主要是因为混凝土中存在着两类物质：水泥及其他原料中的高碱含量（以 Na_2O 当量计算）。原材料中大量的碱活性成分，如骨料中的活性 SiO_2 在有水的条件下发生反应生成碱-硅酸盐凝胶，其吸水膨胀（体积可增大 3～4 倍）所产生的应力使得混凝土内部形成微裂缝甚至严重开裂。自 1940 年首例因碱损毁报道以来，已先后在全球众多国家和地区发现类似的实例，如加拿大为维护和修复一座遭受碱集料反应破坏的 25m 高大坝，累计费用就高达 15 亿加元（约合 100 亿元人民币）。为减少碱集料反应破坏，可使用低碱水泥并加入有一定规范要求的粉煤灰、矿渣等；也可以在混凝土中加入硅粉，因为硅粉粒子不仅能够提高水泥胶结材料的密实性，减小水分通过浆体的运动速度，使得碱集料膨胀反应所需的水分减少，而且可以减小水泥浆孔隙液中碱离子的浓度。

在通常情况下，水工混凝土所要求的强度是较低的。而且水工混凝土通常是以 90d 龄期的强度作为设计标准，而其他混凝土通常是以 28d 龄期的强度作为设计标准。这就意味着水工混凝土抵抗碱骨料反应膨胀的能力较弱。另外，水工混凝土的胶凝材料用量远低于普通混凝土，在同等条件下，水工混凝土的膨胀大于普通混凝土。因此，水工混凝土结构碱集料反应是导致结构劣化破坏的一个主要原因。

3.1.4 化学腐蚀

水工混凝土化学腐蚀的主要因素是氯离子侵蚀。氯离子侵入混凝土通常有两种途径：一种是掺入，即在混凝土形成过程中，由原材料本身带入或在施工过程中随其他掺合物加入，比如使用含氯离子的外加剂，施工过程中使用海砂和海水等；另一种是渗入，即外界环境中的氯离子通过混凝土的宏观和微观缺陷，经过复杂的物理化学过程进入到混凝土中。处于海洋环境下的水工混凝土建筑物受氯离子侵蚀现象较普遍。而且，大量调查结果表明，由氯离子侵蚀诱发的锈蚀要快于混凝土碳化诱发的锈蚀。氯离子是极强的去钝化剂，在不均质的混凝土中氯离子能够破坏钢筋表面钝化膜，使钢筋发生局部腐蚀。然而，并非氯离子一到达钢筋表面就能破坏其钝化保护膜，引起钢筋的腐蚀，而是当氯离子的浓度超过引起钢筋腐蚀的临界氯离子浓度时才会发生钢筋的腐蚀。氯离子对钢筋的腐蚀可分为 4 个阶段：潜伏阶段、发生发展阶段、加速腐蚀阶段和破坏阶段。阴极保护和电化学脱盐是国外近几十年来开发的控制氯化物环境混凝土中钢筋腐蚀的电化学方法。阴极保护的原理是通过向被保护的金属表面通入足够的阴极电流，使其阴极极化，减少或防止金属的腐蚀。电化学脱盐以混凝土中的钢筋为阴极，临时安装在混凝土表面电解质中的电极为辅助阳极，在阴极和辅助阳极之间通直流电流，混凝土中氯离子不断向辅助阳极迁移，使混凝土中的氯化物浓度降低到足以阻止钢筋腐蚀。这种方法被认为最适用于被氯化物污染但尚未引起严重破坏的结构。

另外，海水中还含有硫酸根离子，硫酸盐与水泥中的熟石灰和水化铝酸三钙发生化学反应形成硫酸钙和硫酸铝钙，这些反应会造成水工建筑物混凝土出现严重的膨胀应力和破裂。淡水污染对混凝土结构的腐蚀影响较复杂，主要取决于水的酸碱度（pH 值）、无机盐含量、电导率、有机物含量、微生物性质与含量、氧含量以及水流速度等。

3.1.5　钢筋锈蚀

硅酸盐类水泥在凝结硬化时生成的大量的氢氧化钙和水泥中含有的钠、钾等氧化物，能使混凝土空隙溶液呈高碱性，其 pH 值高达 12.5～13.5，钢筋在混凝土高碱环境下表面会形成一层致密的钝化膜，对钢筋起保护作用。混凝土中钢筋保持钝化的最低碱度要求为 pH 值等于 11.5，而碳化结果可使混凝土的 pH 值低于 9.0，因此在一般大气环境下混凝土碳化是钢筋锈蚀的前提。海洋环境下的普通混凝土结构由氯离子侵蚀诱发的锈蚀要快于混凝土碳化诱发的锈蚀。氯离子是一种钢筋活化剂，即使在钢筋保护层未被碳化的情况下也会破坏钢筋钝化膜；再者，由于氯离子到达钢筋表面的不均匀性，特别是氯离子作用于钢筋局部区域时，就会形成无数微电池（腐蚀电池），即电化学腐蚀，使钢筋发生坑蚀。由于蚀坑的深度可达到平均锈蚀深度的 10 倍左右，因而其危害更大。研究表明，当混凝土液相中氯离子、氢氧根离子当量浓度比值大于 0.6 时，钢筋去钝化发生锈蚀。根据海工混凝土结构的使用经验，混凝土结构中钢筋腐蚀最严重的是浪溅区，然后依次是水位变动区、大气区；水下区由于缺乏供氧条件，钢筋腐蚀极为缓慢。

在水工建筑物中钢筋在混凝土中的锈蚀问题较为普遍，特别是地处沿海地区的闸、涵、桥、防护堤等水工建筑物更为严重。钢筋锈蚀使得钢筋有效截面积减小、钢筋的力学性能退化。另外，钢筋锈蚀后产生相当大的体积膨胀，使得混凝土产生顺筋胀裂，将影响限制裂缝出现的部分水工混凝土结构物的正常使用，甚至导致结构失效。

3.1.6　冲刷磨损和汽蚀

冲刷磨损和汽蚀破坏是水工混凝土结构特有的劣化方式。冲刷磨损破坏指水流本身和其中夹带的固体介质在水流不停流动时，对混凝土表面冲刷和磨损而引起的破坏；汽蚀破坏是由于过流面凸凹不平，高速水流在局部突然改变方向使水体离开边界而产生负压力汽泡，这种汽泡不停产生和破灭，作用在过流面使混凝土表面逐渐脱落。汽蚀和冲刷磨损常发生在输水隧洞、挑坝、护坦、溢流面等部位。随着水利水电资源的开发，高水头、大泄流量的水工建筑物日益增多。高流速、挟砂石水流对水工建筑物过流部位的冲刷磨损和汽蚀破坏所造成的损失和危害，已越来越被人们所重视。

造成冲刷磨损和汽蚀破坏的主要原因是结构体型不良和表面平整度差，因此，通过水工模型试验定出合适的形状、尺寸，严格控制施工工艺是减少和避免冲刷磨损和汽蚀破坏的关键。另外，使用具有耐磨抗冲击性能的混凝土是解决水工建筑物磨蚀破坏的有效方法。

水工结构的劣化是关系水利工程安全性、使用寿命和工程效益的重要问题。目前，已有的水工结构劣化理论大都侧重于单因素作用下结构性状的改变，如碳化深度、钢筋锈蚀量、氯离子侵蚀程度等的分析与预测。实际上混凝土结构劣化往往是多种因素综合作用的结果，对混凝土劣化过程的分析与评价应从结构整体性能水平降低的角度出发，同时考虑不同环境下构件的劣化机理的不同，作出科学的评价分析。

3.2　水工结构劣化评价

在正常运行环境下，水利工程的劣化是一个渐变的发展过程。对工程劣化程度评价便于及时反映工程实际情况，为管理单位对工程进行维修加固和更新改造提供依据，而且由于处于不同劣化程度的工程的资产值和风险水平不同，因此，水利工程劣化评价也是工程资产管理和风险分析的前提。

水利工程劣化评价可采用试载法、反分析法、经验类比等极限状态评估方法，它们是评价水工建筑物劣化、损坏程度的基本方法，该类方法结果具体，信息量大，可以作为建筑物功能恢复时采用的基本方法。但这类方法在基础资料、技术难度、测试手段、费用和时间上的要求较多。因此，目前常采用的方法是通过建立评价指标体系判断工程的劣化程度。这类评估方法主要包括标准比照评价法、专家系统法、系统决策法等，其中系统决策法是目前研究最多的方法，先后形成了层次分析法、整体评估方法、加权递阶评估方法、灰色和模糊集合论评估方法等。

3.2.1 水工结构劣化评价准则及指标体系

3.2.1.1 评价准则

水工结构劣化的实质是其可靠度的降低，因此，水利工程劣化程度评价应以可靠度评价为准则，对结构安全性、耐久性和适用性三方面进行科学评价。结构安全性要求主要是指建筑物结构及其地基应具有足够的承载能力；耐久性要求是指结构构件的局部及表面损伤（如裂缝、剥蚀）等不影响建筑物规定的服务年限；适用性要求指建筑物总体及其构件的变形、地基沉降或不均匀沉降、渗漏等不影响预定的各项功能。

根据上述评价准则，对照现行国家标准和行业标准，可将水工建筑物劣化程度分为以下 4 个等级：

（1）Ⅰ级：可靠性符合国家现行标准，可以正常使用，极个别部件或构件宜采取适当措施的建筑物。

（2）Ⅱ级：可靠性略低于国家现行标准，不影响正常使用，个别部件或构件宜采取措施的建筑物。

（3）Ⅲ级：可靠性不符合国家现行标准，影响正常使用，有些部件或构件应采取措施的建筑物。

（4）Ⅳ级：可靠性严重不符合国家现行标准，已不能正常使用必须立即采取措施的建筑物。

3.2.1.2 评价指标体系

水利工程评价的总目标为工程劣化程度，而工程整体劣化程度由其可靠性决定，因此结构劣化的子目标为安全性、耐久性和适用性，评价指标的选择主要是针对 3 个子目标的要求确定具体的劣化指标。目前，对水工建筑物劣化状态的评价多是借助于劣化的外观表现，即具体的评价指标为混凝土表层强度、混凝土剥蚀面积、碳化深度、裂缝分布及尺寸、钢筋锈蚀状况等。然而，许多运行实践表明，表层劣化现象和结构整体的可靠性并无密切的关系，仅仅以表层的各种损坏程度来判定一个混凝土建筑物，尤其是大体积水工混凝土建筑物的老化程度或者报废与否，往往会导致很大的浪费。因此，水利工程劣化指标的选择应侧重于能够反映结构整体承载能力、稳定性和抗渗能力等的实质性指标，且要求各指标的计算范围和计算方法有科学依据，切实可行。

单个建筑物劣化评价指标的确定主要考虑可能出现的各种劣化现象或导致劣化的原因，建立一级评价指标，或按指标间的属性关系建立多层评价指标体系。如土坝劣化指标一般包括坝体渗漏、滑坡、护坡状况、坝体裂缝；溢洪道劣化指标主要包括闸室稳定、启闭设施、消能设施、岸墙稳定等；输水洞劣化指标包括凝土强度、裂缝、渗漏、钢筋锈蚀等；输水建筑物劣化指标包括渠道及渠系建筑物输水能力、灌溉能力等。

水利工程整体劣化程度评价指标一般是包含各单个建筑物劣化评价指标的指标体系，即将所包含的各单个建筑物看作第一层次的评价指标，而将各单个建筑物所包含的劣化评价指标作为第二层次的评价指标，从而建立起多层次的评价指标体系。

评价指标体系建立后，还需要确定各指标的劣化等级标准，即对应于每个劣化等级各评价指标的取值范围的划定。对于能够量化表示的指标（如混凝土碳化深度等），一般以具体数值为界线来划分指标等级；而对于很难量化的劣化指标（如工程管理水平等），劣化指标的等级划分只能借助于对指标性状的定性描述。

3.2.2　水工结构劣化评价方法

鉴于各种评价方法的优缺点及适用情况不同，本书提出了层次分析法和模糊综合评判相结合，且采用了考虑层次分析法判断矩阵不确定性的模糊可拓层次分析模型。另外，为较好地利用和积累专家经验，提出了具有自学习功能的误差反向传播神经网络的评价方法。在有较多类似工程评价实例的情况下，该模型具有计算精度高、要求用户输入信息少的优点。

1. 模糊可拓层次分析模型

层次分析法和模糊综合评判是目前应用最广泛的系统决策方法。模糊综合评判方法是可以根据给出的评价标准和相关的实测数据，经过模糊变换之后对所研究的问题作出评价的一种方法。由于水利工程劣化评价指标体系是一个复杂的、包括众多定量与非定量因素的多层次、多目标的模糊评价指标体系，所以，应用此模型一般会取得较合理的评价结果。但模糊综合评判方法在确定各层指标权重时很难做到准确、客观，而层次分析法采用了构造判断矩阵的方法来确定指标权重，在一定程度上减少了主观因素的影响，该方法的不足之处是忽略了劣化指标的模糊性。因此，本书提出采用模糊可拓层次分析模型对水利工程劣化程度进行评价，旨在将两种方法的优势结合，即先用层次分析法确定各层指标权重，再利用模糊综合评判方法将各指标的劣化程度表示为对应于不同劣化等级的隶属度，最终通过逐层计算得到工程的整体劣化等级。另外，针对传统层次分析法要求判断矩阵为精确数，没有考虑各指标因素的复杂性和不确定性以及专家认识的不统一和不全面性的缺点，本书基于可拓集合理论与方法，通过建立可拓区间数判断矩阵确定指标权重使评价结果更客观、可靠。模糊可拓层次分析模型用于水工结构劣化程度评价主要包括以下两个步骤的计算。

（1）利用可拓层次分析法确定指标权重。层次分析法（analytic hierarchy

process，AHP) 是 20 世纪 70 年代初期美国著名运筹学家萨蒂 (T. L. Saaty) 教授提出的一种用于决策的定量分析方法。它具有定性与定量相结合地处理各种决策因素的特点，及其系统、灵活、简洁的优点，近年来在诸多领域得到广泛应用。AHP 法的实质是把复杂问题分解为各个组成因素，将这些因素按支配关系分组形成有序的递进层次结构，通过两两比较方式确定层次中诸因素的相对重要性。AHP 法体现了人们决策思维的基本特征，即分解、判断、综合。

传统层次分析法采用 1～9 标度法建立矩阵元素为精确数的判断矩阵，进而计算指标权重。而水利工程劣化评价的各层指标间的相对重要性具有一定的模糊性，很难用确定值表示，因此，利用区间数表示指标间重要程度，通过构造区间数矩阵计算权重向量将更具合理性。可拓学是我国学者蔡文 1983 年创立的一门新学科，物元理论和可拓集合理论是可拓学的理论支柱。可拓集合的概念是在经典集合和模糊集合的基础上提出的，是可拓学中用于描述事物可变性的定量化工具。

1）可拓区间数的定义与运算。

定义 3.1：记 $A=[a^-,a^+]=\{x|a^-\leqslant x\leqslant a^+\}$，称 a 为一个区间数。若 $0<a^-\leqslant a^+$，称区间数 $A=[a^-,a^+]$ 为正区间数。当 $a^-=a^+$ 时，区间数退化成一实数。当且仅当 $a^-=b^-$ 和 $a^+=b^+$ 时，两个区间数 $A=[a^-,a^+]$ 和 $B=[b^-,b^+]$ 称为是相等的。

定义 3.2：设有两个区间数 $A=[a^-,a^+]$ 和 $B=[b^-,b^+]$，其运算定义如下：

$$A+B=[a^-+b^-,a^++b^+];\ AB=[a^-b^-,a^+b^+];\ \lambda A=[\lambda a^-,\lambda a^+]\ (\lambda\geqslant 0);$$

$$A/B=[a^-/b^+,a^+/b^-];\ \frac{1}{B}=\left[\frac{1}{b^+},\frac{1}{b^-}\right]$$

定义 3.3：当 A、B 同时为区间数或者有一个为区间数时，设 $A=[a^-,a^+]$，$B=[b^-,b^+]$，且记 $L(A)=a^+-a^-$，$L(B)=b^+-b^-$，称式（3.1）为 $A\geqslant B$ 的可能度。

$$p(A\geqslant B)=\max\left\{1-\max\left\{\frac{b^+-a^-}{L(A)+L(B)},0\right\},0\right\} \tag{3.1}$$

2）可拓区间数矩阵及其一致性。以可拓区间数为元素的矩阵称为可拓区间数矩阵。设 $A=[a_{ij}]_{n\times n}$ 为可拓区间数矩阵，即 $a_{ij}=<a_{ij}^-,a_{ij}^+>$，记 $A^-=(a_{ij}^-)_{n\times n}$，$A^+=(a_{ij}^+)_{n\times n}$，并记 $A=<A^-,A^+>$。$w=(w_1,w_2,\cdots,w_n)^T$ 为对应于 A 的可拓区间数权重向量，如果判断矩阵元素 a_{ij} 客观地反映了 w_i 与 w_j 的比值，那么应有 $a_{ij}=\dfrac{w_i}{w_j}(i,j=1,2,\cdots,n)$。

定义 3.4：设 $\boldsymbol{A}=[a_{ij}]_{n\times n}$ 为一个可拓区间数矩阵，如果对任意的 i，j，$k=1$，2，…，n 均有

$$a_{ij}=\frac{1}{a_{ji}}, \ a_{ij}a_{jk}=a_{jj}a_{ik} \tag{3.2}$$

则称 $\boldsymbol{A}$ 为一致性可拓区间数矩阵。

定义 3.5：设 $\boldsymbol{A}=[a_{ij}]_{n\times n}$ 为一致性可拓区间数矩阵，$\boldsymbol{x}^-$、$\boldsymbol{x}^+$ 分别为 $\boldsymbol{A}^-$、$\boldsymbol{A}^+$ 属于其最大特征值的具有正分布量的归一化特征向量，则

$$w=<k\boldsymbol{x}^-,m\boldsymbol{x}^+>=(w_1,w_2,\cdots,w_n) \tag{3.3}$$

满足 $a_{ij}=\dfrac{w_i}{w_j}$（i，$j=1$，2，…，n）的充分必要条件是

$$\frac{k}{m}=\sum_{j=1}^{n}\frac{1}{\displaystyle\sum_{i=1}^{n}a_{ij}^+}=\frac{1}{\displaystyle\sum_{j=1}^{n}\frac{1}{\displaystyle\sum_{i=1}^{n}a_{ij}^-}} \tag{3.4}$$

考虑到 $\dfrac{k}{m}$ 的具体表达式及权重向量的左右端点的对称性，可取

$$k=\sqrt{\sum_{j=1}^{n}\frac{1}{\displaystyle\sum_{i=1}^{n}a_{ij}^+}} \ , \ m=\sqrt{\sum_{j=1}^{n}\frac{1}{\displaystyle\sum_{i=1}^{n}a_{ij}^-}} \tag{3.5}$$

3）利用可拓层次分析法确定指标权重的计算步骤如下。

a. 构造可拓判断矩阵 $\boldsymbol{A}=|a_{ij}|_{n\times n}$，$\boldsymbol{A}$ 为正互反矩阵，即

$$a_{ii}=1, \ a_{ji}=\frac{1}{a_{ij}} \tag{3.6}$$

且矩阵 $\boldsymbol{A}$ 的元素为区间数，即 $a_{ij}=(a_{ij}^-, \ a_{ij}^+)$。

b. 令 $\boldsymbol{A}^-=|a_{ij}^-|$，$\boldsymbol{A}^+=|a_{ij}^+|$，分别计算判断矩阵 $\boldsymbol{A}^-$ 和 $\boldsymbol{A}^+$ 的最大特征值所对应的具有正分量的归一化特征向量 $\boldsymbol{x}^-$ 和 $\boldsymbol{x}^+$。

判断矩阵特征向量的计算方法有求和法、和积法、方根法等。以方根法为例介绍其计算过程：

（a）计算判断矩阵 $\boldsymbol{A}$ 中每行元素之积 M_i：

$$M_i=\prod_{j=1}^{n}a_{ij} \quad (i=1,2,\cdots,n) \tag{3.7}$$

（b）求 M_i 的 n 次方根，得

$$\overline{x_i} = \sqrt[n]{M_i} \quad (i=1,2,\cdots,n) \tag{3.8}$$

（c）对向量 $\overline{\boldsymbol{x}} = (\overline{x_1}, \overline{x_2}, \cdots, \overline{x_n})^{\mathrm{T}}$ 进行归一化，得

$$x_i = \overline{x_i} / \sum_{i=1}^{n} \overline{x_i} \quad (i=1,2,\cdots,n) \tag{3.9}$$

从而得到特征向量 $\boldsymbol{x} = (x_1, x_2, \cdots, x_n)^{\mathrm{T}}$。

c. 计算对应于 $\boldsymbol{A}$ 的可拓区间数权重向量。其中，k、m 利用式（3.5）计算：

$$\boldsymbol{w} = (w_1, w_2, \cdots, w_n) = <k\boldsymbol{x}^-, m\boldsymbol{x}^+> \tag{3.10}$$

d. 权重计算：根据式（3.1）计算 $p(w_i \geqslant w_j)(i, j = 1, 2, \cdots, n, i \neq j)$，如果 $\forall i, j = 1, 2, \cdots, n, i \neq j, p(s_i \geqslant s_j) \geqslant 0$，则令

$$w_{jh} = 1, \quad w_{ih} = p(w_i \geqslant w_j) \tag{3.11}$$

式中：w_{ih} 为本层第 i 个因素对第上一层的第 h 个因素的权重，经归一化后得到 $\boldsymbol{w_h} = (w_{1h}, w_{1h}, \cdots, w_{nh})$。

同理，按上述步骤可计算各层指标对上一层指标的权重，最终经权重的合成运算得到最底层指标相对于总目标的权重 $\boldsymbol{w}$。

（2）利用模糊综合评判方法确定评价等级。模糊综合评判方法是一种运用模糊数学原理分析和评价具有"模糊性"的事物的系统分析方法。它是一种以模糊推理为主的定性与定量相结合、精确与非精确相统一的分析评价方法。由于这种方法在处理各种难以用精确数学方法描述的复杂系统问题方面所表现出的独特的优越性，近年来已在许多学科领域中得到了十分广泛的应用。模糊综合评判模型分为单层次评判模型和多层次评判模型。由于水利工程劣化评价需要考虑的因素较多，而且各因素之间往往还存在一定的层次关系，应采用多级模糊综合评判模型。下面以二级模糊评判为例介绍评价过程：

1）给定目标层因素集合 U，将 U 分成 n 个子集 $u_1, u_2, \cdots, u_n$，满足：$\bigcup_{i=1}^{n} u_i = U$，$u_i \bigcap u_j = \phi$。式中每个 u_i 又有 m 个子指标 u_{ij}（$i = 1, 2, \cdots, n$；$j = 1, 2, \cdots, m$）。

2）建立评价等级并确定子指标对各等级的隶属度。参照国家有关标准或行业规范建立评判集 $\boldsymbol{V} = \{V_1, V_2, \cdots, V_p\}$。子指标对于各等级隶属度的确定：对于可以定量描述的指标，一般按隶属度函数确定；对于难以定量的指标，采用模糊语言进行定性描述，各子指标根据具体性状对应描述确定对各等级的隶属度。

3）确定目标层及指标层因素权重。利用上述可拓层次分析法确定各层因素权重。其中目标层因素权重为：$w = (w_1, w_2, \cdots, w_n)$。设目标因素集合的第 i 子集 u_i 的第 j 个指标的权重为 w_{ij}，则第 i 子集 u_i 的子指标权重集为 $w_i = (w_{i1}, w_{i2}, \cdots, w_{im})$。

4）一级模糊综合评判。一级模糊综合评判就是将每一子集 u_i 的各子指标进行综合评判，设各子指标 u_{ij} 对各个等级的隶属度向量组成的矩阵为

$$r_i = \begin{bmatrix} r_{11} & r_{12} & \cdots & r_{1p} \\ r_{21} & r_{22} & \cdots & r_{2p} \\ \vdots & \vdots & \ddots & \vdots \\ r_{m1} & r_{m2} & \cdots & r_{mp} \end{bmatrix} \tag{3.12}$$

对 u_i 的评判结果为 $B_i = r_i \times w_i$。

5）二级模糊综合评判。一级模糊综合评判是对某一因素类中各个因素的影响进行评判，为了全面考虑各因素类对总目标的影响，需要按同样的方法进行二级模糊综合评判。二级模糊综合评判的结果为

$$E = w \times \begin{bmatrix} B_1 \\ B_2 \\ \vdots \\ B_n \end{bmatrix} \tag{3.13}$$

式中：E 为评价对象对各等级的隶属度向量，一般以隶属度最大值对应的等级为最终评价等级。

2. 误差反向传播神经网络的评价方法

（1）神经网络的基本原理及特点。误差反向传播（back - propagation，BP）神经网络是 1985 年 Rumelhart 和 Mcclelland 领导的 PDP（Parallel Distributed Processing）小组提出的一种基于误差反向传播算法的神经网络，是目前为止最有影响的一种。它是在感知器中加入广义 δ 算法进行学习之后发展起来的，表现为多层网络结构，相邻层之间为单向完全连接。它采用类似"黑盒"方法，通过导师学习和记忆，模拟输入和输出间的特征关系（映射），比较适合自变量与因变量间无理想数学表达式的复杂系统。Robert Hecht Nielson 在 1989 年证明了用一个 3 层的 BP 网络可以完成任意的 n 维到 m 维的映射。

1）BP 网络结构及其学习算法。BP 网络的网络结构由输入层、隐含层和

输出层组成，每一层的神经元状态只影响下一层的神经元状态。其算法由正向、逆向传播构成，首先经过输入层将信息向前传递到隐含层节点，经过激活函数作用后，把隐含层的输出传递到输出层节点，给出输出结果（即正向传播）；然后对输出信息和期望目标值进行比较，将误差沿原来的连接路径返回，通过修改不同层间的各节点连接权值，使误差减小（即反向传播），如此反复进行，直至误差满足设定要求。

图 3.1 是含一个隐含层的三层网络拓扑结构，其单个神经元的构造如图 3.2 所示，它由输入层 $\boldsymbol{X}$（m 个节点），隐含层 $\boldsymbol{A}$（l 个节点）和输出层 $\boldsymbol{Y}$（n 个节点）组成，对应的激活函数 $f(x)$ 取 Sigmoid 函数形式，即

$$f(x)=1/(1+\mathrm{e}^x) \tag{3.14}$$

对于输入样本 $\boldsymbol{X}=(x_1, x_2, \cdots, x_m)$，其相应的网络输出目标矢量（即实测值）为 $\boldsymbol{Y}=(y_1, y_2, \cdots, y_n)$，学习的目的是用网络的每一次实际输出 $\boldsymbol{Y}_\mathrm{s}=(y_{s1}, y_{s2}, \cdots, y_{sn})$ 与目标矢量 $\boldsymbol{Y}$ 之间的误差，通过梯度下降法来修改网络权值与阈值，使网络输出层的误差平方和达到最小，从而使输出在理论上逐渐接近目标。

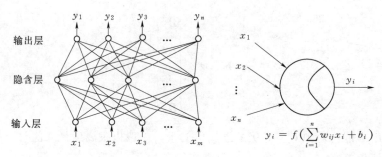

图 3.1　含一个隐含层的三层网络拓扑结构图　图 3.2　单个神经元构造图

隐含层第 j 个神经元的输出为

$$A_j = f_1\left(\sum_{k=1}^{m} w_{jk}x_k + b_j\right) \quad (j=1,2,\cdots,l) \tag{3.15}$$

式中：w_{jk} 为隐含层第 j 个神经元与输入层第 k 个神经元之间的权重；x_k 为输入层第 k 个神经元的输入值；b_j 为隐含层第 j 个神经元的阈值。

输出层第 i 个神经元的输出为

$$y_{si} = f_2\left(\sum_{j=1}^{l} w_{ij}A_j + b_i\right) \quad (i=1,2,\cdots,n) \tag{3.16}$$

式中：w_{ij} 为输出层第 i 个神经元与隐含层第 j 个神经元之间的权重；b_i 为输

出层第 i 个神经元的阈值。

输出层的输出误差为

$$E = \frac{1}{2} \sum_{i=1}^{n} (y_{si} - y_i)^2 \tag{3.17}$$

2）权值变化与误差逆向传播。按照 δ 规则，连接权与阈值的调整增量 Δw 应与误差梯度成比例，即

$$\Delta w = -\eta \partial E / \partial w \tag{3.18}$$

式中：η 为学习速率。

对从第 j 个输入到第 i 个输出的权值、阈值调整量为

$$\Delta w_{ij} = -\eta \frac{\partial E}{\partial w_{ij}} = -\eta \frac{\partial E}{\partial y_{si}} \frac{\partial y_{si}}{\partial w_{ij}} = \eta (y_{si} - y_i) f_2' A_j = \eta \delta_{ij} A_j \tag{3.19}$$

$$\Delta b_{ij} = -\eta \frac{\partial E}{\partial b_{ij}} = -\eta \frac{\partial E}{\partial y_{si}} \frac{\partial y_{si}}{\partial b_{ij}} = \eta (y_{si} - y_i) f_2' = \eta \delta_{ij} \tag{3.20}$$

隐含层权值变化，对从第 k 个输入到第 j 个输出的权值、阈值调整量为

$$\Delta w_{jk} = -\eta \frac{\partial E}{\partial w_{jk}} = -\eta \frac{\partial E}{\partial y_{si}} \frac{\partial y_{si}}{\partial A_j} \frac{\partial A_j}{\partial w_{jk}}$$

$$= \eta \sum_{i=1}^{n} (y_{si} - y_i) f_2' w_{ij} f_1' x_k = \eta \delta_{jk} x_k \tag{3.21}$$

$$\Delta b_{jk} = -\eta \frac{\partial E}{\partial b_{jk}} = -\eta \frac{\partial E}{\partial y_{si}} \frac{\partial y_{si}}{\partial A_j} \frac{\partial A_j}{\partial b_{jk}} = \eta \delta_{jk} \tag{3.22}$$

为了训练一个 BP 网络，可按照上述方法计算网络加权输入矢量以及网络输出和误差矢量，然后求得误差平方和。当所训练矢量的误差平方和小于误差目标时，则训练停止；否则在输出层计算误差变化，采用逆向传播学习规则来调整权值，并不断重复此过程。当网络完成训练后，对网络输入一个不是训练集合中的矢量，网络将以泛化方式给出输出结果。

由 BP 网络的工作原理可以看出，BP 网络具有良好的非线性品质、灵活而有效的学习方式、完全分布式的存储结构，能进行大规模的并行信息处理，对非线性系统具有很强的模拟能力，且具有优秀的模式识别能力。

3）BP 神经网络的工作步骤。

a. 网络初始化：用较小的随机数（$[-0.5，0.5]$）对网络的各权值 w_{ij} 和阈值置初值。

b. 输入训练样本（给定输入向量 $\boldsymbol{X}$ 和希望输出值 $\boldsymbol{Y}$）。

c. 计算实际输出 O。

d. 梯度计算。

e. 权值学习。

f. 回到 2)，直到对于每个训练样本，输出层上 O 与 Y 的平方误差满足要求为止。

（2）基于 BP 神经网络的水利工程劣化评价。BP 神经网络的训练数据可以来自类似工程的劣化评价实例，也可以利用其他评价方法的评价结果，如利用模糊综合评价方法，给定不同的最底层指标值可以得到不同的评价结果，而这些数据可以作为 BP 网络训练所需要的输入、输出值。当要用训练好的网络评价新样本时，只需给出最底层指标向量 X，网络从输入层向输出层进行一次正向计算即可得到该工程劣化级别。

BP 网络能够比较好地表达评价结论与指标向量值之间的关系，从而可以代替专家进行评价。这不仅减少了评价的工作量，更可以比较好地利用和积累专家经验，使评价过程具有自动学习功能。本法在通常算法基础上添加了学习率和惯性因子，大大提高了模型的收敛速度和预测精度。该方法具有评价速度快，容错性、稳定性好，适应性强等优点。但是，网络要求刻画每个输入样本的特征数目必须相同。另外，网络参数的选择取决于所学习的样本，因此对样本的选择需要慎重，在有些情况下还需要进行去伪分析。

3.3　水闸劣化评价实例

某挡水闸工程修建于 1976 年，结构形式为开敞式，闸室总宽 40m，共设 5 孔。在对该工程进行大量检测工作的基础上，采用模糊可拓层次分析方法对其劣化程度进行评价。首先，参考文献［40］建立表 3.1 所列的评价指标体系和等级标准。评价的总目标为结构的可靠性，子目标为安全性、适用性和耐久性，评价指标分为一级指标和二级指标。具体评价过程是首先利用可拓层次分析法确定各层因素的权重，然后利用模糊综合评判方法从最低层指标开始逐层计算，最终按照最大隶属度原则确定工程的劣化等级。

3.3.1　利用可拓层次分析法确定各层因素的权重

根据表 3.1 所列评价指标体系，需要分别确定各二级指标对所属一级指标的权重；各级指标对所属子目标的权重；各子目标对总目标的权重。利用可拓层次分析法分别确定各层权重值，见表 3.2。这里以一级指标表层病害所对应的二级评价指标权重确定为例介绍权重的计算过程。

表 3.1   挡水闸劣化评价指标体系及标准

总目标	子目标	评价指标		等级标准			
		一级指标	二级指标	Ⅰ级	Ⅱ级	Ⅲ级	Ⅳ级
结构劣化程度	安全性	上下游水位差	$\Delta H_实 / \Delta H_设$	<1.00	1.05	1.1	>1.15
		扬压力	防渗设施损坏	无	1/10	1/5	1/3
			排水设施失效	无	1/10	1/5	1/3
		地基变形	不均匀沉降	<40mm	50 mm	60 mm	>70 mm
			渗流破坏	无	渗流量增大	构件连接处开裂有析出物	缝墩张开或倾斜，发生管涌、流土
		结构损伤	上部结构钢筋锈蚀率	无	5%	12%，有顺筋裂缝	20%，保护层剥落露筋
			下部结构开裂	无	稳定的、影响小的	发展的、影响大的	贯穿的、影响严重的
	适用性	过水能力	$Q_实 / Q_设$	>1.00	0.95	0.85	<0.75
			冲刷与淘刷	无	小范围流态异常，局部冲淘深度 1.0m	大范围流态异常，局部冲淘深度<1.5m	冲淘深度≥2.0m或结构被淘空、冲毁
		挡水能力	$Q_漏 / Q_设$	<0.0001	0.0005	0.002	>0.005
			闸室沉降	0 mm	150 mm	300 mm	450 mm
		控制能力	门系统损坏	无	锈蚀面积 20%	锈蚀面积 40%，闸门变形、止水老化、螺杆锈蚀	锈蚀面积>60%，闸门严重变形，止水损坏、螺杆锈蚀
			门槽系统损坏	无	混凝土局部空蚀、冲磨麻面	混凝土大范围空蚀、冲磨麻面	轨道凹凸不平，空蚀、磨损、流态紊乱、闸门震动
			启闭力增大	<1%	3%	7%	>10%
	耐久性	混凝土质量	混凝土强度 $R_实 / R_设$	>1.5	1.3	1.1	0.9
		表层病害	非结构性裂缝平均宽度	<0.1mm	0.3mm	0.7mm	1mm
			上部结构碳化深度/保护层厚度	0	0.8	1.3	1.8
			下部结构剥蚀情况	局部起皮露石	表皮疏松局部成块脱落	成块脱落局部隆起	形成大面积冲坑
		维修管理	制度执行	健全执行	基本健全执行	不健全	没有
			资金投入 $c_实 / c_设$	>1	0.8	0.6	0.4

表 3.2　　　　　　　　　　　某挡水闸工程劣化评价指标及评价结果

子目标权重	一级指标权重	二级指标权重	二级指标模糊隶属度向量	一级评判结果	二级评判结果
安全性 (0.7)	上下游水位差 (0.15)	$\Delta H_实/\Delta H_设$ (1.0)	(0, 0.71, 0.29, 0)	(0, 0.71, 0.29, 0)	(0.42, 0.44, 0.13, 0.01)
	扬压力 (0.26)	防渗设施损坏 (0.8)	(1, 0, 0, 0)	(0.8, 0, 0.16, 0.04)	
		排水设施失效 (0.2)	(0, 0, 0.82, 0.18)		
	地基变形 (0.27)	不均匀沉降 (0.71)	(0.83, 0.17, 0, 0)	(0.76, 0.24, 0, 0)	
		渗流破坏 (0.29)	(0.6, 0.4, 0, 0)		
	结构损伤 (0.32)	上部结构钢筋锈蚀率 (0.38)	(0, 0.77, 0.23, 0)	(0, 0.85, 0.15, 0)	
		下部结构开裂 (0.62)	(0, 0.90, 0.10, 0)		
适用性 (0.2)	过水能力 (0.27)	$Q_实/Q_设$ (0.38)	(0, 0, 0.67, 0.33)	(0.62, 0, 0.25, 0.13)	(0.38, 0.35, 0.09, 0.18)
		冲刷与淘刷 (0.62)	(1, 0, 0, 0)		
	挡水能力 (0.19)	$Q_漏/Q_设$ (0.24)	(0, 0.75, 0.25, 0)	(0.76, 0.18, 0.06, 0)	
		闸室沉降 (0.76)	(1, 0, 0, 0)		
	控制能力 (0.54)	闸门系统损坏 (0.26)	(0, 0, 0, 1)	(0.12, 0.6, 0.02, 0.26)	
		门槽系统损坏 (0.22)	(0, 0.93, 0.07, 0)		
		启闭力增大 (0.52)	(0.24, 0.76, 0, 0)		
耐久性 (0.1)	混凝土质量 (0.28)	混凝土强度 $R_实/R_设$ (1.0)	(1, 0, 0, 0)	(1, 0, 0, 0)	(0, 0.45, 0.55, 0)
	表层病害 (0.34)	非结构性裂缝平均宽度 (0.15)	(0, 0.24, 0.76, 0)	(0, 0.67, 0.33, 0)	
		上部结构碳化深度/保护层厚度 (0.26)	(0, 0.15, 0.85, 0)		
		下部结构剥蚀情况 (0.59)	(0, 1, 0, 0)		
	维修管理 (0.38)	制度执行 (0.24)	(0, 0, 1, 0)	(0, 0.38, 0.62, 0)	
		资金投入 $c_实/c_设$ (0.76)	(0, 0.5, 0.5, 0)		

表层病害的评价指标包括非结构性裂缝宽度、上部结构碳化和下部结构剥蚀情况及深度三项，通过资料分析并结合专家经验，构造该三项指标两两比较的区间数矩阵如下：

$$A = \begin{bmatrix} \langle 1,1 \rangle & \langle 0.75, 0.9 \rangle & \langle 0.5, 0.6 \rangle \\ \langle 1.11, 1.33 \rangle & \langle 1,1 \rangle & \langle 0.6, 0.7 \rangle \\ \langle 1.67, 2 \rangle & \langle 1.43, 1.67 \rangle & \langle 1,1 \rangle \end{bmatrix}$$

则

$$\boldsymbol{A}^- = \begin{bmatrix} 1 & 0.75 & 0.5 \\ 1.11 & 1 & 0.6 \\ 1.67 & 1.43 & 1 \end{bmatrix}; \boldsymbol{A}^+ = \begin{bmatrix} 1 & 0.9 & 0.6 \\ 1.33 & 1 & 0.7 \\ 2 & 1.67 & 1 \end{bmatrix}$$

利用方根法分别计算判断矩阵 $\boldsymbol{A}^-$ 和 $\boldsymbol{A}^+$ 的最大特征向量 $\boldsymbol{x}^-$ 和 $\boldsymbol{x}^+$：

$$\boldsymbol{x}^- = [0.249, 0.298, 0.453]^T; \boldsymbol{x}^+ = [0.245, 0.297, 0.458]^T$$

利用式（3.5）计算得：$k=0.972$，$m=1.059$。

将 k、m、$\boldsymbol{x}^-$ 和 $\boldsymbol{x}^+$ 代入式（3.10）可得到权重向量：

$$\boldsymbol{w} = (w_1, w_2, w_3) = (<0.242, 0.259>, <0.290, 0.315>, <0.440, 0.485>)$$

利用式（3.1）得：$p(w_2 \geq w_1) = 1.74$；$p(w_3 \geq w_1) = 3.9$。

根据式（3.11）得：$w_1 = 1$，$w_2 = 1.74$，$w_3 = 3.9$。

从而得到 3 个指标对于其上级指标表层病害的权重为

$$\boldsymbol{w} = (0.151, 0.262, 0.587)$$

按照上述计算方法和步骤，可得到各层指标对上一级指标的权重值，见表 3.2。

3.3.2 利用模糊综合评判方法确定工程的劣化等级

（1）根据二级指标实测的定量和定性资料，按隶属关系确定各指标对劣化等级的隶属度向量。如前所述，劣化评价集 $V = \{Ⅰ，Ⅱ，Ⅲ，Ⅳ\}$。各二级指标对劣化等级的隶属度是将工程实际资料对照表 3.1 所列各指标等级的特征值确定。当实际调查数值与某一等级的特征值相同时，则对该等级的隶属度为1.0；当调查数值在两个等级的特征值之间时，用内插法确定对两个等级的隶属度。对照表 3.1 所列各二级指标的等级标准，通过对该工程进行检测得到各二级指标对应于一级指标的隶属度向量，见表 3.2。

（2）多级模糊综合评判。利用式（3.13）计算得一级模糊综合评判结果，见表 3.2，以表层病害的评价计算为例：

$$\begin{bmatrix} 0 & 0 & 0 \\ 0.24 & 0.15 & 1 \\ 0.76 & 0.85 & 0 \\ 0 & 0 & 0 \end{bmatrix} \times [0.151 \quad 0.262 \quad 0.587]^T = [0 \quad 0.66 \quad 0.34 \quad 0]^T$$

同理，可计算得到二级模糊综合评判结果，见表 3.2。该工程可靠度的最终模糊综合评判结果为：按照最大隶属度原则，最终确定该工程的劣化等级为Ⅱ级。

$$\begin{bmatrix} 0.42 & 0.38 & 0 \\ 0.44 & 0.35 & 0.45 \\ 0.13 & 0.09 & 0.55 \\ 0.01 & 0.18 & 0 \end{bmatrix} \times [0.7 \quad 0.2 \quad 0.1]^T = [0.37 \quad 0.423 \quad 0.164 \quad 0.043]^T$$

第 **4** 章

水工混凝土结构劣化过程预测

························

在水工结构寿命周期成本分析过程中不仅需要对结构当前劣化状态进行评估，还需要对结构未来状态进行预测。建立结构在寿命期内的劣化模型是预测结构剩余寿命、制定维修管理计划以及结构风险分析的基础。本书提出了劣化过程预测的确定性模型，并在此基础上考虑劣化过程的随机性，将 Markov 过程和蒙特卡罗模拟（MCS）方法用于混凝土结构的劣化分析与预测。

▷ 4.1 劣化过程预测的确定性模型

在掌握结构年劣化数据的前提下对结构或构件的劣化进程进行刻画。建立结构寿命期内的劣化模型相对来说较简单，可采用统计分析方法建立确定性劣化模型。如美国为对市政桥梁进行科学管理和维护建立了 Michigan NBI database，该数据库保存大量桥梁的历年监测数据和维护记录，利用这些数据可以建立桥梁随时间劣化过程的回归模型。由于我国大多数现存的水工建筑物（尤其中小型水工建筑物）缺少监测设备和检测记录，能够反映外界环境对结构劣化影响的环境效应以及结构劣化效应的数据很难获得，所以用统计方法分析水工结构劣化过程虽然理论简单，但受数据条件的限制很难实际应用。因此，在实际应用中，劣化模型常采用简化的形式，如在文献［41］中，桥梁构件的劣化过程被划分为潜伏期、进展期和加速期三个阶段，在各阶段内劣化速率为定值，如图 4.1 所示。水工混凝土构件的劣化过程可参考此模型，但处于不同环境的构件，其具体的劣化模型不同。

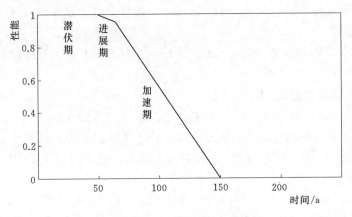

图 4.1   混凝土构件简化劣化模型

4.2   劣化过程预测的 Markov 模型

确定性模型目前只能是在正常运行条件下利用定量的公式或模型对劣化性状进行平均劣化程度的预测。而在荷载、环境、材料等不确定性因素作用下，混凝土建筑物的劣化是动态的随机变化过程。如果假定结构未来劣化状态只与现在状态有关而与历史状态无关，则广泛应用于各种领域的随机过程——马尔可夫过程（Markov process）更适用于结构劣化过程的分析和预测。Markov 模型的实质是将结构整个寿命周期划分为不同的劣化状态，通过计算结构在劣化状态间的转移概率来分析预测结构的劣化过程。考虑到结构所处劣化状态的模糊性，本书采用模糊向量刻画结构状态，同时，基于劣化状态的转移过程与所处的时间段有关这一事实，提出了分阶段计算的 Markov 过程。

4.2.1   Markov 模型的理论与应用

马尔可夫（A. A. Markov）于 1907 年用数学的方法分析了布朗运动的随机过程，后来称之为马尔可夫过程。20 世纪 40 年代 A. N. 卡尔曼哥隆等人又发展了马尔可夫理论。到目前，这个理论已广泛用于气象、生态及经济学等领域的预测研究。

Markov 模型是研究事物的状态及其转移的理论，它既适合于时间序列，又适合于空间序列。一个时间与状态都是离散的马尔科夫过程叫作马尔科夫链，它的特点是无后效性。即未来状态只与当前状态有关，而与过去状态无关，离散 Markov 链的定义如下。

定义 1：随机过程 $\{\boldsymbol{X}_t，t \geqslant 0\}$，如果 $\boldsymbol{X}_t \in \boldsymbol{S}(t=1，2，3，\cdots)$，其中 $\boldsymbol{S}$ 为一个有限或可数集合（称为状态空间），并且对任意的 $i，j，i_0，i_1，\cdots，i_{n+1}，\boldsymbol{S}$ 都有

$$P(\boldsymbol{X}_{t+1}|\boldsymbol{X}=i_0，\boldsymbol{X}_1=i_1，\cdots，\boldsymbol{X}_{t-1}=i_{t-1}，\boldsymbol{X}_t=i)=P(\boldsymbol{X}_{t+1}=j|\boldsymbol{X}_t=i)$$

$$(4.1)$$

则称 $\boldsymbol{X}_t$ 为离散参数的 Markov 链。

定义 2：条件概率 $P_{ij}(t)=P(\boldsymbol{X}_{t+1}=j|\boldsymbol{X}_t=i)$ 为该 Markov 链的一步转移概率，表示系统在 t 时刻处于状态 i，$t+1$ 时刻处于状态 j 的概率。若其与 t 有关，则此 Markov 链为非齐次；若其与 t 无关，则 $P_{ij}(t)$ 记作 P_{ij}，且称此 Markov 链为齐次的。

对于 Markov 链 $\{\boldsymbol{X}_t，t \geqslant 0\}$，描述它的演化进程的最重要也是最基本的量就是它的转移概率 $\{P_{ij}，i \in \boldsymbol{S}，j \in \boldsymbol{S}\}$。通常我们把它排成一矩阵形式，记为

$$\boldsymbol{P}=\begin{bmatrix} P_{11} & P_{12} & \cdots & P_{1m} \\ P_{21} & P_{22} & \cdots & P_{2m} \\ \vdots & \vdots & \ddots & \vdots \\ P_{m1} & P_{m2} & \cdots & P_{mm} \end{bmatrix}$$

$$(4.2)$$

式中：P_{ii} 为结构处于劣化等级 i 时，下一状态仍保持条件等级 i 的概率；P_{ij} 为结构处于条件等级 i 时，下一状态变为等级 j 的概率。

矩阵 $\boldsymbol{P}$ 称为 Markov 链的状态转移概率矩阵，m 为系统所具有的劣化状态个数。随机矩阵 $\boldsymbol{P}$ 具有以下性质：

(1) $\boldsymbol{P}$ 中的元素均为非负，即 $P_{ij} \geqslant 0$。

(2) $\boldsymbol{P}$ 中每一行的元素之和均为 1。

由定义 2 可知，齐次 Markov 链的状态转移概率矩阵 $\boldsymbol{P}$ 与时间 t 无关，在系统状态转移过程中 $\boldsymbol{P}$ 为一定值，因此有

$$\boldsymbol{X}_t=\boldsymbol{X}_{t-1}\boldsymbol{P}=\boldsymbol{X}_{t-2}\boldsymbol{P}^2=\cdots=\boldsymbol{X}_0\boldsymbol{P}^t$$

$$(4.3)$$

即系统在任意时刻 t 所处状态可由其初始状态 $\boldsymbol{X}_0$ 以及其状态转移概率矩阵 $\boldsymbol{P}$ 完全确定。

混凝土结构性能在整个寿命周期内不断劣化，可将水工混凝土结构的劣化状态分为若干个等级。假定结构的未来劣化状态只与当前状态有关，以满足 Markov 链无后效性的要求。如果进一步假定结构在各时段的状态转移过程无明显差别，则混凝土结构在寿命期内的劣化过程可看作一个离散齐次 Markov 过程。但实际上水工混凝土结构劣化状态的转移过程与所处的时间段有关，应

视为非齐次 Markov 链，即结构状态转移概率在整个寿命周期内是变化的。非齐次 Markov 链转移概率的计算需要大量实测数据和评价结果。为简化计算，本书将混凝土劣化进程分为不同阶段，假定在各阶段内结构状态发展符合齐次 Markov 链的要求，即阶段内状态转移概率为一定值，分别计算各阶段内的状态转移概率矩阵，进行分析与预测。对于齐次 Markov 模型，由式（4.3）可知，结构在任意时刻的劣化状态可由其初始状态或某一历史状态和一步转移概率确定。因此，确定结构劣化状态和转移概率是利用 Markov 模型对结构劣化过程进行分析和预测的关键。

4.2.2　水工混凝土结构劣化状态划分

水工混凝土结构劣化状态空间 $S = \{ I, II, III, IV \}$，各状态分别对应第 3 章所述的各劣化等级，结构在 t 时刻的劣化状态 $\boldsymbol{X}_t$ 用对各状态的隶属度组成的状态分布向量表示，即

$$\boldsymbol{X}_t = \{ x(1,t), x(2,t), x(3,t), x(4,t) \} \tag{4.4}$$

式中：$x(m, t)$ $[m \in (1, 2, 3, 4)]$ 为 t 时刻结构对各劣化状态的隶属度。

假定结构的初始运行状态向量 $\boldsymbol{X}_0 = (1, 0, 0, 0)$，即初始结构状态为 I。结构在任意时刻的状态分布向量 $\boldsymbol{X}_t$ 的确定最直接的方法是采用第 3 章所述的模糊综合评判方法，即对结构各构件的各项劣化指标进行检测分析并输入模糊综合评判模型，最终得到结构对于不同劣化状态的隶属度值组成的状态分布向量 $\boldsymbol{X}_t$。另外，在资料充足的情况下，可不必对结构当前状态进行评价，而采用统计分析方法确定结构在运行过程中某时刻的状态分布情况。如已知与待预测结构工作环境、结构材料及运行年限等相同或类似的多个结构在运行某一历史时刻 t 的劣化等级资料，则可对资料分析得到 t 时刻处于不同劣化状态的工程的百分数，并以各百分数值组成的向量表示结构劣化等级的分布。例如，若分析结果如表 4.1 所列，则结构在 t 时刻的劣化状态分布向量为 $\boldsymbol{X}_t = (0, 0.2, 0.75, 0.05)$。该方法尤其适用于工程布置相对较集中而工作条件类似的工程。

表 4.1　　　　　　　　多个类似工程在某时刻的劣化等级情况

结构劣化等级	I	II	III	IV
结构数/个	0	4	15	1
百分比/%	0	20	75	5

4.2.3　状态转移概率矩阵的确定

目前计算状态转移概率矩阵的方法主要有经验判断法、统计分析法、回归分析法和基于逆阵的方法。

1. 经验判断法

在缺少结构劣化过程经年观测数据的情况下，可以根据工程经验并参考专家意见，主观确定状态转移概率。这种方法确定的状态转移概率可靠性较差，可以通过多年的应用不断修正使之趋近客观的状态转移规律。

2. 统计分析法

在有数年结构劣化过程监测数据的前提下，为克服主观经验确定的转移概率的不可靠性，可以采用统计方法分析工作环境和结构形式相似的某类结构在一定时间段内从某一劣化状态转移到另一状态的概率（频率），并以此作为状态转移概率矩阵的元素。

应用统计分析法建立的状态转移概率矩阵的可靠性主要取决于结构劣化监测时期的长短和数据采集的精度。显然，检测历时越长，数据采集精度越高，通过统计分析建立的状态转移概率矩阵越可靠。该方法概念明确、操作简单，但数据采集工作量大、周期长、费用高。

3. 回归分析法

在结构劣化过程数据积累不足以采用统计分析法建立可靠的状态转移概率矩阵，而又对依靠经验判断拟定的状态转移概率矩阵的不可靠性有所顾虑的情况下，可以采用有限的监测数据，采用回归分析的方法来确定状态转移概率矩阵。

该方法首先对控制结构劣化状态的主要性能指标及其影响因素进行回归分析，并利用已知监测数据建立相应的回归方程。然后，利用回归方程计算某一时段末性能指标的期望值和方差，据此可得出性能指标的预估值的概率分布。已知结构在某一时段始末的状态的概率分布，便可计算该时段的转移概率。该方法理论依据合理可靠，但在建立性能指标的回归方程时，仍需大量的数据。同时在求解结构在各个状态的概率时，首先假定性能指标服从一定的概率分布。不同的概率分布假定的计算结果会有较大差异。

4. 基于逆阵的方法

基于逆阵的混凝土结构劣化状态转移概率矩阵的计算可采用式（4.5）：

$$\boldsymbol{P} = \begin{bmatrix} P_{11} & P_{12} & P_{13} & P_{14} \\ P_{21} & P_{22} & P_{23} & P_{24} \\ P_{31} & P_{32} & P_{33} & P_{34} \\ P_{41} & P_{42} & P_{43} & P_{44} \end{bmatrix} = \boldsymbol{A}^{-1}\boldsymbol{B} \tag{4.5}$$

式中：$P_{ij}(i=1\sim4，j=1\sim4)$ 为一年间结构状态从状态 i 到状态 j 的转移概率。

矩阵 $\boldsymbol{A}$ 和 $\boldsymbol{B}$ 分别见式（4.6）和式（4.7）。

$$\boldsymbol{A} = \begin{bmatrix} a_1 & b_1 & c_1 & d_1 \\ a_2 & b_2 & c_2 & d_2 \\ a_3 & b_3 & c_3 & d_3 \\ a_4 & b_4 & c_4 & d_4 \end{bmatrix} \tag{4.6}$$

$$
\boldsymbol{B} = \begin{bmatrix} a_2 & b_2 & c_2 & d_2 \\ a_3 & b_3 & c_3 & d_3 \\ a_4 & b_4 & c_4 & d_4 \\ a_5 & b_5 & c_5 & d_5 \end{bmatrix} \tag{4.7}
$$

式中：$\{a_1, b_1, c_1, d_1\} \sim \{a_5, b_5, c_5, d_5\}$ 为连续 5 年结构状态分布向量。

实际上水工混凝土结构在一年内劣化状态的变化很小，因此，采用式（4.5）计算 $\boldsymbol{P}$ 时可能会出现负概率情况。本书借鉴时间-空间转换的思想对基于逆阵的转移概率的计算方法进行改进。即假定结构劣化状态评价每隔 n 年进行一次，利用式（4.5）计算得到结构 n 年的状态转移概率矩阵 $\boldsymbol{P}^n$。此时，$\{a_1, b_1, c_1, d_1\} \sim \{a_5, b_5, c_5, d_5\}$ 为连续 5 次评价得到的结构状态分布向量，最后利用 matlab 工具箱由 $\boldsymbol{P}^n$ 计算得到 $\boldsymbol{P}$。

4.2.4　混凝土结构劣化预测的简化 Markov 模型

4.2.4.1　假定结构寿命期内状态转移概率不变的 Markov 简化模型

Markov 状态转移概率矩阵的计算可采用以上 4 种方法，除经验判断法以外，其他方法均需要工程本身或类似工程的大量观测和评价资料，而这些资料尤其是历史资料较难获得。为此，需要简化状态转移概率矩阵。在结构正常运行条件下，如果不考虑维修加固措施对劣化性能的改善，结构在各阶段的劣化过程可认为是连续均匀的。假定结构在任意时刻只有保持当前状态和向下一状态转移两种可能，则劣化过程的 Markov 链如图 4.2 所示。

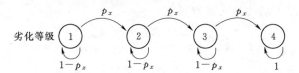

图 4.2　混凝土构件劣化的 Markov 链简化模型

p_x—状态转移概率

状态转移概率矩阵 $\boldsymbol{P}$ 可简化为

$$
\boldsymbol{P} = \begin{bmatrix} 1-p_x & 0 & 0 & 0 \\ p_x & 1-p_x & 0 & 0 \\ 0 & p_x & 1-p_x & 0 \\ 0 & 0 & p_x & 1 \end{bmatrix} \tag{4.8}
$$

简化后的矩阵 $\boldsymbol{P}$ 中仅有一个未知量 p_x，如果已知结构运行过程中某一年 t 的劣化状态分布向量为 (P_1, P_2, P_3, P_4)，则根据式（4.8），利用优化方法可以反算出 p_x，确定状态转移概率矩阵 $\boldsymbol{P}$，则结构在任意时刻的状态可以利用式（4.9）进行预测。

$$\begin{bmatrix} P_1 \\ P_2 \\ P_3 \\ P_4 \end{bmatrix} = \begin{bmatrix} 1-p_x & 0 & 0 & 0 \\ p_x & 1-p_x & 0 & 0 \\ 0 & p_x & 1-p_x & 0 \\ 0 & 0 & p_x & 1 \end{bmatrix}^t \begin{bmatrix} 1 \\ 0 \\ 0 \\ 0 \end{bmatrix} \tag{4.9}$$

4.2.4.2　分阶段计算的 Markov 简化模型

将混凝土构件劣化过程按时间进程分为如图 4.3 所示 5 个阶段，在各阶段内状态转移概率假定不变。

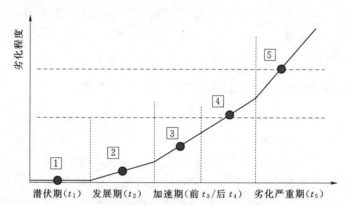

图 4.3　混凝土建筑物劣化进程阶段划分

基于 Markov 链计算要求，将劣化的时间过程和状态过程在各劣化阶段内离散化。则混凝土结构劣化过程可表示为

$$X_i(t) = X_i(t-1)P_i \tag{4.10}$$

式中：i 为如图 4.3 所示劣化阶段，$i \in \{1, 2, 3, 4, 5\}$；P_i 为第 i 阶段对应的状态转移概率矩阵；$X_i(t)$ 为结构在 t 时刻的状态分布向量。

由式（4.9）可知，在已知某阶段内结构初始或某一时刻状态分布和状态转移概率矩阵的情况下，结构在该阶段的任意时刻的状态可通过矩阵相乘的方式获得。状态转移概率矩阵 P_i（$i=1\sim5$）的计算采用基于逆阵的方法。这样在建筑物整个寿命周期内，只需对各劣化阶段内某一年（除阶段初始年以外）的劣化资料进行评价，得到该年劣化状态分布，即可计算得到各阶段的状态转移概率，则结构整个生命期内任意时刻的劣化情况均能得到分析和预测。

以上混凝土结构的简化 Markov 模型没有考虑维修加固措施对结构性能的改善，但实际上，当结构的性能劣化到一定程度，不能满足安全和使用性能要求时，一般应对其进行维修加固处理。一些补修措施（如表面涂层）对结构性能没有改善，但会在一定时期内使劣化速度得到一定程度的抑制，在使用 Markov 模型进行补修后预测时可考虑在补修措施有效年限内降低 p_x；补强措施一般在结构劣化程度较严重时采用，以使劣化状态得到改善，可认为其相应的 Markov 转移概率将突变为补强后结构所处状态的转移概率水平。由于目前缺乏结构补修加固后性能变化的实测资料，所以对于 Markov 结构劣化模型中转移概率由维修加固引起的变化只能进行定性分析，很难量化。

4.2.5　Markov 预测过程的修正

如前所述，混凝土结构劣化状态转移概率的计算是在假定结构在整个寿命期内或某阶段内劣化速率为定值的前提下完成的，因此，预测结果和结构实际状态间会存在一定误差。而且，如果劣化状态分布的确定采用统计分析的方法，则用于转移概率计算的数据并非是待预测工程的，这也必将导致一定的预测误差。因此，应及时利用已知的结构劣化评价状态对转移概率进行修正，以提高预测的准确性。

如图 4.4 所示，工程运行 t 年时对其进行监测，并针对监测结果进行了模糊综合评价，得到 t 时刻结构劣化状态分布为

$$\boldsymbol{X}_t = (x_1, x_2, x_3, x_4) \tag{4.11}$$

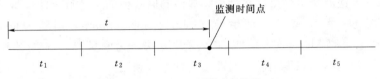

图 4.4　Markov 预测过程的修正

t 时刻结构状态分布的预测值结果为

$$\boldsymbol{X}'_t = (x'_1, x'_2, x'_3, x'_4) \tag{4.12}$$

预测结果和实际监测结果的向量差为

$$\boldsymbol{d} = \boldsymbol{X}'_t - \boldsymbol{X}_t = (x'_1 - x_1, x'_2 - x_2, x'_3 - x_3, x'_4 - x_4)$$

各时段末结构劣化状态分布的修正结果为

$$\left. \begin{aligned} X''_{t1} &= X'_{t1} - (t_1/t)\boldsymbol{d} \\ X''_{t2} &= X'_{t2} - [(t_1+t_2)/t)]\boldsymbol{d} \\ X''_{t3} &= X'_{t3} - \boldsymbol{d} \\ X''_{t4} &= X'_{t4} - \boldsymbol{d} \\ X''_{t5} &= X'_{t5} - \boldsymbol{d} \end{aligned} \right\} \tag{4.13}$$

式中：$X'_{t1} \sim X'_{t5}$ 为各时段末结构劣化状态分布的 Markov 预测结果。

已知运行初始时刻的状态 $\boldsymbol{X}_0 = (1, 0, 0, 0)$ 和各运行时段末的状态修正结果，利用上述转移概率的计算方法，则各时间段的转移概率和状态分布情况均能够计算，结构在整个寿命周期内的劣化过程可以得到定量分析和

预测。

在这里需要指出的是，不同结构类型、材料性能及环境条件下的混凝土构件的劣化过程有较大的差异，需要建立不同条件下的劣化过程的 Markov 预测模型。随着人们对劣化过程的进一步研究以及监测数据的不断完善，该方法将会得到更广泛的应用。

4.3 基于 MCS 的混凝土结构随机劣化过程预测

LCC 分析需要已知某构件随时间的连续变化过程。水工混凝土结构在常年运行过程中受外界环境、本身抗力以及维修效果等不确定性因素的影响，使得结构性能劣化过程体现一定的随机性，因此，本书利用随机模拟分析方法——Monte Carlo simulation（MCS）对混凝土构件随机劣化过程进行分析与预测。

4.3.1 蒙特卡罗模拟（MCS）原理

MCS 方法源于美国第一次世界大战研制原子弹的"曼哈顿计划"，该计划的主持人之一数学家冯·诺伊曼（john von Neumann）用驰名世界的赌城——摩纳哥的 Monte Carlo 来命名这种方法，为它蒙上了一层神秘色彩。MCS 方法的基本思想很早以前就被人们发现和利用。早在 17 世纪，人们就知道用事件发生的"频率"来决定事件的"概率"。19 世纪人们用投针试验的方法来决定圆周率 π，20 世纪 40 年代以来，人们通过电子计算机来模拟随机试验过程，把巨大数目的随机试验交由计算机完成，使得蒙特卡罗方法得以广泛地使用。

4.3.1.1 MCS 方法的基本思想及特点

与一般数学方法不同，经典的处理概率问题的数学方法常常是把概率问题变换为某个确定性问题去求解，而 MCS 方法则是把不确定性问题与某个概率模型相联系，将大量随机抽样试验求得的统计估计值作为原始问题的近似解，因此，MCS 方法亦称为随机模拟（random simulation），有时也称作随机抽样（random sampling）技术或统计试验（statistical testing）方法，是一种用数值模拟来解决与随机变量有关的实际问题的方法。它的基本思想是：为了求解数学、物理、工程技术以及生产管理等方面的问题，首先建立一个概率模型或过程的观察或抽样试验来计算所求参数的统计特征，最后给出所求解的近似值，而解的精度可用估计值的标准误差来表示。

假设所要求的量 x 是随机变量 ξ 的数学期望 $E(\xi)$，那么近似确定 x 的方法是对 ξ 进行 N 次重复抽样，产生相互独立的 ξ 值的序列 ξ_1，ξ_2，…，ξ_N，并计算其算术平均值：

$$\overline{\xi_N} = \frac{1}{N} \sum_{n=1}^{N} \xi_n \tag{4.14}$$

根据柯尔莫哥罗夫（Komogorov）加强大数定理，有

$$P(\lim_{x \to \infty} \overline{\xi_N} = x) = 1 \tag{4.15}$$

因此，当 N 充分大时，式（4.16）成立的概率等于 1，亦即可以用 $\overline{\xi_N}$ 作为所求量 x 的估计值。

$$\overline{\xi_N} \approx E(\xi) = x \tag{4.16}$$

MCS 方法的精确度可用估计值的标准误差来表示。由大数定理可知，样本的方差为

$$\sigma^2(\overline{\xi}) = \sigma^2(\xi)/N = E\{[\overline{\xi_N} - E(\xi)]^2\} \tag{4.17}$$

当 $N \to \infty$ 时，有

$$\lim \sigma^2(\overline{\xi_N}) = \lim \sigma^2(\xi)/N = 0 \tag{4.18}$$

即当 $N \to \infty$ 时，$\sigma^2 \to \infty$，因此，Monte Carlo 计算的精度取决于样本容量 N。

MCS 方法与一般数值分析方法相比较具有以下优点：

（1）由于 MCS 方法是通过大量简单的重复抽样来获得问题的近似解，因此，其方法简单，易于编程实现。

（2）MCS 方法的收敛速度与问题的维数无关，不影响计算精度，也就是说，使用 MCS 方法时，抽取的样本总数 N 与问题的维数无关，维数的增加只对计算量有影响，而不会影响其计算精度。因此，同一般数值方法相比，MCS 方法更适用于解决多维问题。

（3）MCS 方法受条件限制的影响较小，因此对问题的广泛适应性是其一个重要的特征，例如要计算 m 维空间中任意一个区域 D_m 上的积分：

$$I = \int_{D_m} \cdots \int g(x_1, x_2, \cdots, x_m) \mathrm{d}x_1 \mathrm{d}x_2 \cdots \mathrm{d}x_m \tag{4.19}$$

无论 D_m 的形状如何特殊，只要能给出描述 D_m 的几何条件，就总可以用平均值方法给出 I 的近似值。

4.3.1.2　随机变量与随机数的生成

在随机模拟过程中，一个重要的任务是生成满足于一定概率分布的随机数。通常，可以采用物理的方法和数学的方法来生成随机数。现在几乎都在运用数学的方法，即通过电子计算机编程计算来产生随机数。但是，由于通过这种方式生成的随机数中，前一个随机数与后一个随机数之间或多或少都有些联系，所以，它产生的不是真正意义上的随机数，一般称为准随机数或者伪随机数。尽管如此，如果选取合适的初值与计算参数，产生的伪随机数就有足够长的周期，一般情况下，可以满足对随机数的要求。

常用的产生服从给定概率分布 $f(x)$ 的随机变量 X 的方法是直接法（也称反演法或变换法），其原理是在生成 $[0，1]$ 上均匀分布随机数 t 的基础上，通过建立 t 与随机变量 X 的累积分布函数 $F(X)$ 的对应关系，并利用变换式 $X=F^{-1}(t)$ 得到符合概率分布 $f(x)$ 的随机变量 X。该方法具体实现步骤归结如下：

（1）利用随机数生成器在区间 $[0，1]$ 上生成均匀分布的随机数序列 $t=(t_1，t_2，\cdots，t_i)$。

（2）设服从分布 $f(x)$ 的随机变量 $X=(x_1，x_2，\cdots，x_i)$ 的累积分布函数为 $F(X)$，其值域也为 $[0，1]$，因此可以把 t_i 作为 $F(x_i)$ 的函数值建立 X 与 t 的一一对应关系，即

$$\left.\begin{array}{c} t=F(X) \\ X=F^{-1}(t) \end{array}\right\} \tag{4.20}$$

（3）根据分布与累计分布的关系有

$$t=F(X)=\int_0^x f(x)\mathrm{d}x \tag{4.21}$$

将 $f(x)$ 代入式（4.21），则对应任一 t_i 值可得到对应的 x_i 值，从而最终得到服从分布 $f(x)$ 的随机变量 X。

基于上述随机变量序列的生成方法，可以对服从正态、对数正态、极值 I 型、指数、三角形分布、威布尔分布等的随机变量在定义域内产生随机数。以下以三角形分布为例介绍随机变量序列的产生。连续型概率分布应用较广的是三角形分布概率分析法，它适用于一些缺乏历史统计资料和数据的参变量，但通过咨询专家意见，可得出各参数变量的最小值 a、最可能出现的中间值 m 以及最大值 b，3 个估计值（$a，m，b$）构成一个三角形分布。利用概率统计知识，不难求出各区间的概率密度函数，见表 4.2。

当计算机产生的均匀分布的随机数 t_i 小于上限为 m 的分布函数 $F_1(m)=\int_a^m f_1(x)\mathrm{d}x=\dfrac{m-a}{b-a}$ 时，所产生的均匀随机数相对应的积分即为三角形分布下对应的随机抽样变量。

表 4.2　　　三角形分布的概率密度函数及分布函数表

x 取值范围	概率密度函数	分　布　函　数
$[a,m]$	$f_1(x)=\dfrac{2(x-a)}{(m-a)(b-a)}$	$F_1(x)=\int_a^x f_1(x)\mathrm{d}x=\dfrac{(x-a)^2}{(m-a)(b-a)}$
$[m,b]$	$f_2(x)=\dfrac{2(b-x)}{(b-m)(b-a)}$	$F_2(x)=\int_a^m f_1(x)\mathrm{d}x+\int_m^x f_2(x)\mathrm{d}x=1-\dfrac{(b-x)^2}{(b-a)(b-m)}$
其他	0	0

当 $a < x_i < m$ 时，有

$$t_i = F_1(x) = \int_a^x f_1(x)\mathrm{d}x = \frac{(x_i - a)^2}{(m-a)(b-a)} \left.\right\} $$
$$x_i = a + \sqrt{t_i(b-a)(m-a)} $$
(4.22)

当计算机产生的均匀分布的随机数 t_i 大于上限为 m 的分布函数 $F_1(m) = \int_a^m f_1(x)\mathrm{d}x = \frac{m-a}{b-a}$ ，即 $m < x_i < b$ 时，三角形分布下对应的随机抽样变量由式 (4.23) 求得：

$$t_i = \int_a^m f_1(x)\mathrm{d}x + \int_m^x f_2(x)\mathrm{d}x = 1 - \frac{(b-x_i)^2}{(b-m)(b-a)} \left.\right\} $$
$$x_i = b - \sqrt{(b-m)(b-a)(1-t_i)} $$
(4.23)

因此，三角形分布随机变量的生成是通过判断计算机产生的随机数 t_i 的值，分别利用式 (4.22) 和式 (4.23) 计算得到的。即当 $t_i < \frac{m-a}{b-a}$ 时，利用式 (4.22) 求出一个相对应的随机抽样值 x_i ；当 $t_i > \frac{m-a}{b-a}$ 时，则利用式 (4.23) 求得相应的随机抽样值 x_i 。

4.3.2　混凝土结构随机劣化过程的 MCS

基于 MCS 的结构随机劣化过程分析的原理是将影响劣化进程的各因素（变量）视为服从一定概率分布的随机变量，利用 MCS 方法根据各变量的分布特征产生随机数，每一组变量随机数的组合对应一具体劣化过程，用大量随机数组合情况下各劣化时间点性能指标的均值描述实际结构的劣化过程。

4.3.2.1　混凝土结构劣化模型

为了对结构劣化过程进行定量分析，本书引入劣化等级指标 S 和结构可靠度指标 R ，通过该两项指标值随时间的变化过程来定量分析结构劣化过程。劣化等级指标取值对应于劣化状态划分，在 0～4 范围内取连续值（0—无劣化现象，1—Ⅰ级劣化，2—Ⅱ级劣化，3—Ⅲ级劣化，4—Ⅳ级劣化）。S_0 表示初始状态指标且 $S_0 = 0$ ；结构可靠度指标初始值 R_0 为《水工钢筋混凝土结构设计规范》（SDJ 20—78）规定的按承载能力极限状态设计时的目标可靠度指标，取值可参考表 4.3。

表 4.3　　　　　　　　　　　结构构件的目标可靠度指标

安全级别	Ⅰ	Ⅱ	Ⅲ
R_0	3.7	3.2	2.7

水工混凝土结构在整个寿命周期内劣化是不可避免的，为有效减缓或抑制劣化的发展，适当的维修加固措施是必要的。因此，水工混凝土建筑物劣化模型中除考虑结构自然劣化以外，还需要考虑维修加固措施对劣化进程的影响。假定结构性能劣化过程如图 4.5 和图 4.6 所示。图 4.5 和图 4.6 所示变量除 S_0 和 R_0 外均被视为随机变量，可由不同的概率分布描述。其中 T 表示劣化开始时间；α 为未采取维修措施情况下的结构劣化率；TD 对应不同维修措施的劣化抑制年数；TP 代表维修效果持续时间；γ 指由于采取某种维修措施对结构性能的改善；β 指由于采取维修措施使结构劣化率的降低。各随机变量对应于劣化等级指标和可靠度指标的取值不同。为区别各变量，增加下标 s 代表对应劣化等级指标的取值；下标 r 代表对应可靠度指标的取值。

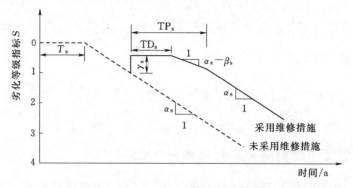

图 4.5　劣化等级指标随时间变化曲线

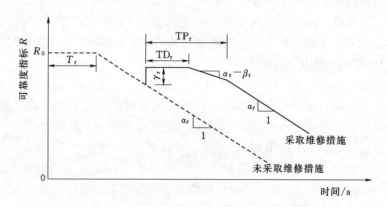

图 4.6　结构可靠度指标随时间变化曲线

4.3.2.2　劣化随机变量的概率分布

如果不考虑维修措施对劣化进程的影响，利用 4 个随机变量 T_s、T_r、α_s 和 α_r 可以定量分析或预测劣化过程。随机变量分布类型和分布特征的确定理论上需要大量实际工程的相关调查数据，并需要对数据进行统计分析。但由于我国对工程调查监测以及数据收集整理方面的工作不够重视，缺乏上述随机变量的监测统计数据。通过对实际工程的调查，并结合专家经验，假定各随机变量服从简单的三角形分布。在普通大气环境下，各随机变量的最大值、最小值及均值见表 4.4。

表 4.4　　　　　　　　不考虑维修情况下随机变量的分布特征

随机变量	T_s	T_r	α_s	α_r
最小值	2	5	0	0
均值	6	10	0.08	0.06
最大值	10	15	0.16	0.12

在结构性能劣化曲线中，对应于维修措施的 4 个随机变量 γ、TD、TP 及 β 在不同维修措施以及不同性能指标下取值不同。通过对水工结构常用维修方法及效果的定性分析，并结合专家经验，假定上述 4 个随机变量也服从三角形分布，对应于不同维修措施的分布特征的定量结果见表 4.5。

表 4.5　　　　　　　　维修措施对应的随机变量分布特征

补修加固方法		对劣化等级指标的影响				对可靠度指标的影响			
		TD_s	TP_s	γ_s	β_s	TD_r	TP_r	γ_r	β_r
表面涂层	环氧砂浆涂层	最小值=5 均值=10 最大值=15	最小值=10 均值=15 最大值=20	0	最小值=0.1α_s 均值=0.3α_s 最大值=0.5α_s	最小值=4 均值=6 最大值=8	最小值=6 均值=8 最大值=10	0	0
	丙乳砂浆涂层	最小值=5 均值=7 最大值=9	最小值=8 均值=10 最大值=12	0	最小值=0.1α_s 均值=0.2α_s 最大值=0.3α_s	最小值=0 均值=2 最大值=4	最小值=0 均值=3 最大值=6	0	0
断面修复（钢筋补强）		0		恢复为 0.8S_0		0		恢复为 0.8R_0	0
断面修复+丙乳砂浆涂层		最小值=5 均值=7 最大值=9	最小值=8 均值=10 最大值=12	恢复为 0.9S_0	最小值=0.2α_s 均值=0.3α_s 最大值=0.4α_s	最小值=3 均值=5 最大值=7		恢复为 0.9R_0	0
表面被覆		最小值=10 均值=15 最大值=20	最小值=15 均值=20 最大值=25	恢复为 0.7S_0	最小值=0.2α_s 均值=0.3α_s 最大值=0.4α_s	最小值=6 均值=9 最大值=12	最小值=10 均值=14 最大值=18	恢复为 0.7R_0	最小值=0.2α_s 均值=0.3α_s 最大值=0.4α_s
构件更新				恢复为 S_0				恢复为 R_0	

4.3.2.3　混凝土结构劣化分析与预测程序

在不考虑维修措施的情况下，劣化等级指标和可靠度指标的时变方程为

$$S_t = S_0 + \alpha_s(t - T_s) \tag{4.24}$$

$$R_t = R_0 - \alpha_r(t - T_r) \tag{4.25}$$

利用 MCS 方法，根据各变量的分布情况，利用式（4.22）或式（4.23）产生一定数量的随机变量组合，每一组变量组合对应一具体劣化过程，可按式（4.24）和式（4.25）计算任意时刻的 S_t 和 R_t，最后利用各组合情况下的 S_t 和 R_t 的均值定量描述整个劣化过程。

考虑维修效果的结构劣化进程的定量分析相对较复杂，由图 4.5 和图 4.6 可知任意时刻结构的状态指标为

$$S_t = \max(S_t' + \gamma_s, 0) \tag{4.26}$$

任意时刻结构的可靠度指标为

$$R_t = \min(R_t' - \gamma_r, R_0) \tag{4.27}$$

式中：S_t' 为 t 时刻没有维修情况下的状态指标值；γ_s 为由于在 t 时刻采取维修措施使状态指标的降低值；R_t' 为 t 时刻没有维修情况下结构可靠度值；γ_r 为由于在 t 时刻采取维修措施可靠度指标的增加值。

S_t' 和 R_t' 的计算均需考虑 $0\sim t$ 时段内各次维修的影响。为简化计算过程，编制了维修方案已知情况下混凝土构件劣化分析与预测程序，程序框图如图 4.7 所示。

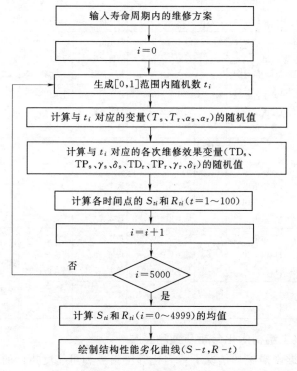

图 4.7 混凝土结构劣化过程预测的 Monte - Carlo 程序框图

4.3.3 实例分析

4.3.3.1 Markov 链预测实例

在某水工混凝土结构运行 12 年时,对其劣化程度进行评价,利用模糊综合评判方法得到工程的模糊综合评判向量为 (0.63, 0.18, 0.14, 0.05)。根据式 (4.9) 得到

$$
\begin{bmatrix} 0.63 \\ 0.18 \\ 0.14 \\ 0.05 \end{bmatrix} = \begin{bmatrix} 1-p_x & 0 & 0 & 0 \\ p_x & 1-p_x & 0 & 0 \\ 0 & p_x & 1-p_x & 0 \\ 0 & 0 & p_x & 1 \end{bmatrix}^{12} \begin{bmatrix} 1 \\ 0 \\ 0 \\ 0 \end{bmatrix} \tag{4.28}
$$

求解式 (4.28) 中的 p_x 值需要大量矩阵运算,这里,利用 Matlab 编写优化程序。通过在 [0,1] 范围内按一定步长假定不同的 p_x 值,分别利用式 (4.28) 得到结构在第 12 年时的劣化状态计算结果,最终根据计算结果对实际结果 [式 (4.28) 等号左边] 的拟合程度得到最优 $p_x=0.0378$。根据 p_x 值,利用式 (4.9) 可计算该工程在不考虑维修加固情况下任一年的劣化状态分布向量。表 4.6 为该工程在未来不同运行年对各劣化状态的隶属度,构成劣化状态分布向量。

表 4.6   **Markov 链劣化模型预测结果**

运行年	劣 化 等 级			
	Ⅰ 级	Ⅱ 级	Ⅲ 级	Ⅳ 级
20 年	0.4627	0.3635	0.1357	0.0381
30 年	0.3147	0.3709	0.2113	0.1030
40 年	0.2141	0.3364	0.2577	0.1917
50 年	0.1456	0.2861	0.2753	0.2930
60 年	0.0991	0.2335	0.2706	0.3968
70 年	0.0674	0.1853	0.2512	0.4961
80 年	0.0458	0.1441	0.2235	0.5866
90 年	0.0312	0.1102	0.1927	0.6659
100 年	0.0212	0.0833	0.1620	0.7334

4.3.3.2 MCS 方法预测实例

某普通大气环境下的混凝土结构安全级别为 Ⅱ 级,寿命周期内的维修计划见表 4.7。其中维修方法对应的序号如下:0=不维修;1=环氧砂浆涂层;2=丙乳砂浆涂层;3=断面修复(钢筋补强);4=断面修复+丙乳砂浆涂层;5=表面被覆;6=构件更新。

表 4.7　　　　　　　　　　　　　结构寿命周期内的维修计划

维修方法	0	0	0	1	0	0	2	0	0	6	0	2	0	0
运行年	1	2	…	10	11	…	35	36	…	55	…	60	…	90

利用自编的混凝土结构劣化过程预测 Monte Carlo 程序，分别预测该结构在无维修情况和维修情况下劣化等级指标和可靠度指标随运行时间的变化，如图 4.8～图 4.11 所示。

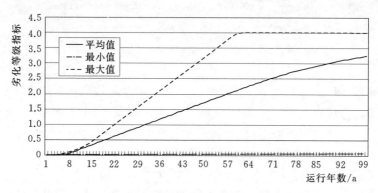

图 4.8　无维修情况下劣化等级指标变化过程

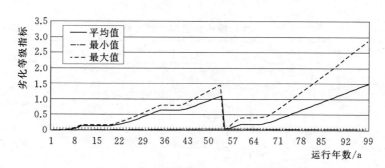

图 4.9　维修情况下劣化等级指标变化过程

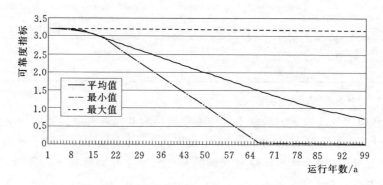

图 4.10　无维修情况下可靠度指标变化过程

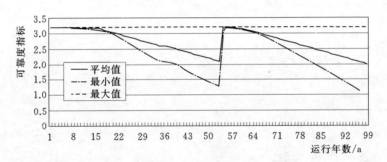

图 4.11　维修情况下可靠度指标变化过程

第 5 章

水工结构可靠度原理与计算方法

水工结构在运行过程中要受到许多不确定性因素的影响,主要包括荷载的不确定性、材料参数的不确定性以及结构参数的不确定性等。可靠度是考虑不确定性影响,从概率意义上度量结构可靠性大小的尺度。可靠度指标是结构优化的主要控制因素,依据可靠性理论及分析方法计算结构的可靠度指标或失效概率是基于 LCC 的水工结构设计优化研究的一个主要内容。

5.1 结构可靠度原理

结构可靠性理论的产生,是以 20 世纪初期把概率论及数理统计学应用于结构安全度分析为标志的。20 世纪后期,国际上对结构设计方法的总趋向是采用基于概率理论的极限状态设计法。该方法是根据结构的特点和使用要求,以概率论与数理统计方法为基础,把影响结构安全的各种因素作为随机变量,建立起结构极限状态方程和可靠度之间的关系。

5.1.1 结构极限状态

在结构可靠性分析中,结构的功能通常以"极限状态"作为标志。结构的极限状态是结构失效的标准，是一种临界状态。结构或结构的一部分超过某一特定状态就不能满足设计规定的某一功能，则称此特定状态为结构对该功能的极限状态。以统计数学的观点来看，结构的极限状态可以用关于基本变量的极限状态函数（即功能函数）来描述。设与结构有关的基本变量为 x_1，…，x_n，则结构的极限状态函数（功能函数）为

$$Z = g(x_1, \cdots, x_n) \tag{5.1}$$

在极限状态函数中，基本变量通常分为两大类：一类是与结构抗力 R 有关的，主要为材料性能及有关的截面几何尺寸；另一类是与结构的荷载效应 S 有关的，主要是荷载及各项作用（内力、变形、位移等）。由于结构的基本变量一般是相互独立的事件，于是结构的极限状态函数又可以表示为

$$Z = R - S \tag{5.2}$$

当 $Z>0$ 时，结构处于可靠状态；当 $Z=0$ 时，结构达到极限状态（临界状态）；当 $Z<0$ 时，结构处于失效状态。

结构处于极限状态时满足的方程 $Z = g(x_1, \cdots, x_n) = 0$，称为结构极限状态方程。

以基本变量个数 $n=2$ 为例，结构工作状态如图 5.1 所示。

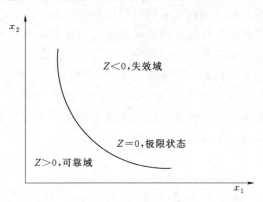

图 5.1　结构工作状态图示

从工程角度和数学角度两个方面来看，极限状态函数的取值也具有随机性，即 Z 也是一个随机变量。因此，利用极限状态函数取某值的概率来度量结构的可靠性是一种比较理想的方式。

我国在《水利水电工程结构可靠度设计统一标准》(GB 50199—1994)（以下简称《水工统标》）中规定的水工结构极限状态分为以下两种：

（1）承载能力极限状态。这种极限状态对应于结构或结构构件达到最大承载能力或不适于继续承载的变形。当结构或结构构件出现下列状态之一时，应认为超过了承载能力极限状态：

1) 结构或结构的一部分丧失结构稳定。

2) 结构构件或连接因超过材料强度而发生破坏（包括疲劳破坏），或因过度变形而不适于继续承载。

3) 结构转变为机动体系。

4) 结构或结构构件丧失稳定（如压屈等）。

5) 地基丧失承载能力而发生破坏（如失稳等）。

（2）正常使用极限状态。这种极限状态对应于结构或结构构件达到正常使用或耐久性能的某项规定限值。当结构或结构构件出现下列状态之一时，应认为超过了正常使用极限状态：

1) 影响正常使用或外观的变形。

2) 影响正常使用或耐久性能的局部损坏（包括裂缝）。

3) 影响正常使用的振动。

4) 影响正常使用的其他特定状态。

5.1.2 结构可靠度和可靠度指标

5.1.2.1 结构可靠度

结构的可靠性是指结构在规定的时间内和规定的条件下完成预定功能的能力。结构的可靠度是结构可靠性的概率度量，即在规定的时间内和规定的条件下完成预定功能的概率称为结构的可靠度，用 P_s 表示；相反，结构不能完成预定功能的概率称为结构的失效概率，用 P_f 表示。显然有

$$P_f + P_s = 1 \tag{5.3}$$

基于计算和表达上的方便性，结构可靠度分析中常用失效概率 P_f 来度量结构的可靠性。结构的失效概率 P_f 可表示为

$$P_f = P(Z < 0) = \int_F f(x)\mathrm{d}x \tag{5.4}$$

其中，$f(x)$ 是随机向量 $\boldsymbol{x} = (x_1, \cdots, x_n)$ 的概率密度函数；$F = \{x \mid g(x) < 0\}$ 表示结构的失效域。

5.1.2.2 结构可靠度指标

可靠度指标是用以度量结构构件可靠度的指标，通常用 β 表示。为说明 β 的含义，这里假定结构抗力 R 和荷载效应 S 均服从正态分布，其平均值和标准差分别为 μ_R、μ_S 和 σ_R、σ_S，则极限状态函数 $Z = R - S$ 也服从正态分布。Z 的平均值和标准差分别为：$\mu_Z = \mu_R - \mu_S$，$\sigma_Z = \sqrt{\sigma_R^2 + \sigma_S^2}$。

为了应用上的方便，令

$$\beta = \frac{\mu_Z}{\sigma_Z} = \frac{\mu_R - \mu_S}{\sqrt{\sigma_R^2 + \sigma_S^2}} \tag{5.5}$$

因此结构可靠度指标为

$$\beta = \Phi^{-1}(1 - P_f) \tag{5.6}$$

式中：$\Phi^{-1}(\cdot)$ 为标准正态分布函数的逆函数。

由式（5.6）可知，可靠度指标 β 与失效概率 P_f 存在一一对应的关系。因此，也可用结构的失效概率来描述结构的可靠性，并将失效概率值小到工程能够接受的程度作为结构可靠与否的判断标准。

5.2　水工结构可靠度常用计算方法

目前，常用的可靠度分析方法有解析法、响应面法和模拟法三种。解析法包括一次二阶矩方法、二次二阶矩方法及其他一些高次高阶矩方法。当结构功能函数的随机变量为正态分布且非线性程度较低时，解析法能获得较好的精度。但是在实际的工程中，常常遇到结构功能函数是非线性函数，其中的大多数随机变量不服从正态分布的情况。而解析法对这种非正态分布的随机变量和非线性表示的极限状态函数等问题的处理还存在着相当大的近似性，不能满足工程计算的需要。

响应面法的基本思想是先假设一个包括一些未知参量的极限状态变量与基本变量之间的解析表达式，然后用插值的方法来确定表达式中的未知参量。响应面法的精度主要是由表达式和插值点的位置确定的，关键在于响应面函数表达式的选择和系数的确定。而响应面函数表达式的选择和系数的确定需要借助一定的方法。常用方法是表达式用多项式并且采用最小二乘法确定其系数。当结构系统复杂、结构功能函数较多时，多项式本身不一定能很好地拟合真实的极限状态曲面，且用最小二乘法确定的系数不能保证其精度为最优。解析法和响应面法的这些缺点从很大程度上限制了其广泛应用。

与前两种可靠度计算方法相比较，基于蒙特卡罗模拟的可靠度计算方法具有相对计算精度较高，而且不受极限状态方程非线性、随机变量非正态、相关性影响等优点，已成为计算结构可靠度的主要方法。但由于水工结构破坏概率较小，利用 MCS 方法计算小失效概率，需要较多的运算次数才能保证结果的准确性，特别是当每次随机产生的变量还要用于结构分析（如调用 ANSYS 等结构分析软件计算结构应力）时，则会由于运算量过大，需要的运算时间过长而无法实现，这是目前将 MCS 方法用于水工结构可靠度分析所面临的主要问题。对于高维小失效概率的计算，较多采用重要抽样法。然而按重要抽样密度函数 $h(x)$ 产生的样本不服从原始基本变量的概率密度函数 $f(x)$，不能直接用来统计分析。针对这种情况，文献 [69] 提出了一种基于重要抽样马尔可夫链模拟的可靠性参数灵敏度分析方法。用重要抽样马尔可夫链模拟得到的服从

条件概率密度函数 $f(x|F)$ 的条件样本点 [服从 $f(x|F)$ 的样本点实质上是基本变量落在失效域中的观察值] 替代 MCS 方法抽取的条件样本点,可以较大幅度地提高抽样的计算效率。但是重要抽样马尔可夫链模拟的计算速度对马尔可夫链的初始状态点依赖性较强,当初始状态点距离失效区域较远时,马尔可夫链要迭代很多次才能收敛,才能产生足够数量的模拟样本。另外,工程结构系统一般具有复杂的失效模式和多个设计点,当用重要抽样马尔可夫链模拟计算体系可靠度时,如果估计的初始状态点距离失效区域较远,则在有限的马尔克夫链的迭代步骤中,马氏链不能够很好地模拟实际的概率密度;如果估计的初始状态点距离某一失效模式的失效区域特别近,则在有限的马尔克夫链的迭代步骤中,体系可靠度值就很容易偏向结构某一失效模式的可靠度值,即初始状态点的选择难度更大。

基于水工结构可靠度计算的特点及常用结构可靠度计算方法的分析,本书主要将马尔可夫链蒙特卡罗(Markov chain Monte Carlo,MCMC)和子集理论相结合的方法用于水工结构可靠度分析,实现抽样分布的动态模拟,在保证模拟精度的同时有效减少了模拟次数。

5.3 基于 MCMC 和子集理论的水工结构可靠度分析

5.3.1 结构可靠度计算的 MCS 方法原理

MCS 方法的基本原理在第 4 章中已有介绍,可以通过对随机变量的抽样统计分析得到结构的失效概率。用 MCS 方法表示可写成

$$\widehat{P}_f = \frac{1}{N} \sum_{i=1}^{N} I[g(\widehat{X}_i)] \tag{5.7}$$

式中:P_f 为结构失效概率;N 为抽样模拟总数;$g(X_i)$ 为结构的极限状态函数,冠标"$\widehat{}$"表示抽样。

$$I[g(\widehat{X}_i)] = \begin{cases} 1 & [g(\widehat{X}_i) < 0] \\ 0 & [g(\widehat{X}_i) > 0] \end{cases} \tag{5.8}$$

在具体计算过程中,首先根据各随机变量的分布特征产生 N 组随机数,将每组随机数 X_i 分别代入极限状态方程 $g(X_i)$,利用式(5.8)计算 $I[g(\widehat{X}_i)]$ 值,最后得到结构的失效概率。

MCS 方法的优点是程序容易实现,稳健性好,可以考虑任何分布类型,而且功能函数的形式对计算结果没有影响。这种方法的最大缺点是效率比较低,为了获得确定精度的结果通常需要进行大量抽样,计算方面的花费比较

多。在给定结构失效概率水平的情况下，为保证一定的计算精度所需要的计算次数可通过式（5.9）～式（5.13）推导得到。

式（5.8）的抽样方差为

$$\hat{\sigma}^2 = \frac{1}{N}\hat{P}_f(1-\hat{P}_f) \tag{5.9}$$

当选取 95% 的置信度来保证 MCS 的抽样误差时，有

$$|\hat{P}_f - P_f| \leqslant z_{\alpha/2}\hat{\sigma} = 2\sqrt{\frac{\hat{P}_f(1-\hat{P}_f)}{N}} \tag{5.10}$$

式中：$z_{\alpha/2}$ 为标准正态分布的双侧 100α 百分位点。

或者以相对误差 ε 来表示，有

$$\varepsilon = \frac{|\hat{P}_f - P_f|}{P_f} < 2\sqrt{\frac{1-\hat{P}_f}{N\hat{P}_f}} \tag{5.11}$$

考虑到 $\hat{P}_f$ 通常是一个小量，则式（5.11）可以近似地表示为

$$\left.\begin{array}{l} \varepsilon = \dfrac{2}{\sqrt{N\hat{P}_f}} \\[4mm] N = \dfrac{4}{\hat{P}_f\varepsilon^2} \end{array}\right\} \tag{5.12}$$

当给定 $\varepsilon = 0.2$ 时，抽样数目 N 就必须满足：

$$N = 100/\hat{P}_f \tag{5.13}$$

由于水工建筑物具有投资大、一旦失事后果严重的特点，因此其失效概率一般要求较低。如重力坝的失效概率要求控制在 10^{-5} 量级，按照式（5.13），用 MCS 方法计算重力坝的失效概率，要达到一定计算精度要求的话，模拟次数 N 应在 10^7 左右。因此，MCS 方法用于水工结构失效概率的计算效率较低。尤其是利用群体进化算法对水工结构进行优化时，每个设计方案都需要运行一次 MCS 计算对应该方案的失效概率，计算量是非常大的。如 GA 优化的种群个数设为 1000 个，运算次数为 1000 代，对应于每一代的个体都需要运行一次 MCS 计算该个体的失效概率，则需要调用 10^6 次 MCS，再假定每次 MCS 都需要 10^7 次抽样才能满足精度要求的，则整个优化过程中需要进行 10^{13} 抽样，这里还没有考虑每个方案需要调用 ANSYS 等结构分析软件计算应力的时间。

5.3.2   MCMC 方法原理及计算步骤

MCMC 方法是在贝叶斯（Bayes）理论框架下，通过计算机进行模拟的 Monte Carlo 方法。它提供了从待估参数的后验分布抽样的方法，从而使我们获得对待估参数或其函数值及其分布的估计。MCMC 方法是与统计物理有关

的一类重要随机方法，广泛使用在贝叶斯推断和机器学习中。

5.3.2.1　贝叶斯原理

贝叶斯方法要求统计推断必须基于参数的后验分布，然而直接处理后验是很困难的。但是如果我们可以从后验分布抽取参数向量的样本，关于参数向量的统计推断就可以使用一般的 Monte Carlo 方法实现。MCMC 方法的目的就是提供一种从参数后验分布中抽取样本的机制。由于从后验中直接取样是很困难的，可以用 MCMC 方法建立马尔可夫链，使它的平稳分布和后验分布相同。当马尔可夫链收敛时，模拟值可以看作是从后验分布中抽取的样本。

贝叶斯原理可描述为式（5.14）：

$$p(\theta|Y) = cp(Y|\theta)p(\theta) \tag{5.14}$$

式中：c 为标准化常数；$p(Y|\theta)$ 为以 θ 作为条件的似然函数；$p(\theta)$ 为参数 θ 的先验分布；$p(\theta|Y)$ 为参数的后验分布。

（1）后验分布。后验分布包含了结构的极限状态函数中有关隐含变量和参数的信息：

$$p(\theta, X|Y) \propto p(Y|X, \theta)p(X|\theta)p(\theta) \tag{5.15}$$

其中，$X = \{X_t\}'_{t-1}$，是不可观测的状态变量；$Y = \{Y_t\}'_{t-1}$，是观测到的变量；θ 是参数；$p(Y|X, \theta)$ 是似然函数；$p(X|\theta)$ 是状态变量的分布；$p(\theta)$ 是参数的分布即先验。

（2）似然函数。似然函数有两种类型：一种是以参数和状态变量为条件的似然 $p(Y|\theta) = \int p(Y, X|\theta)\mathrm{d}X = \int p(Y|X, \theta)p(X|\theta)\mathrm{d}X$；另一种就是满条件似然(full condition)。MCMC 方法大多建立在形如 $p(X_T|X_{-T})$ 的满条件分布上，其中，$X_T = \{x_i, i \in T\}$，$X_{-T} = \{x_i, i \notin T\}$，$T \subset N$。在上述条件分布函数中，所有的变量都出现了（或出现在条件中，或出现在变量中），这种条件分布形式就是满条件分布。

（3）先验分布。先验分布 $p(\theta)$ 在经济和统计应用中常扮演重要角色。研究者可以通过假定先验分布而在模型中加入非样本信息。

（4）参数的边际后验。某个参数包含在观测数据中的信息由边际后验分布来体现：

$$p(\theta_i|Y) = \iint p(\theta_i, \theta_{(-i)}, X|Y)\mathrm{d}X\mathrm{d}\theta_{(-i)} \tag{5.16}$$

式中：θ_i 为参数向量的第 i 个元素；$\theta_{(-i)}$ 为参数向量中除了第 i 个元素以外的其他元素。

5.3.2.2　MCMC 方法的基本思路和步骤

MCMC 方法是使用 Markov 链的 Monte Carlo 模拟积分，它的基本思路就是构造一条 Markov 链，使其平稳分布为待估参数的后验分布。利用这条链上

的各个样本值就可以估计参数，进行各种统计推断。MCMC 方法构建的基础是 Clifford - Hammersley 理论。该理论指出基于参数的后验信息 $p(\theta|X,Y)$ 和状态变量的后验信息 $p(X|\theta,Y)$ 可以唯一地确定联合后验分布 $p(\theta,X|Y)$。由于 MCMC 方法要求从联合后验分布 $p(\theta,X|Y)$ 中抽取样本，但是这个后验分布函数的封闭形式解很难得到，因此依据 Clifford - Hammersley 理论就可以分别从 $p(X|\theta,Y)$、$p(\theta|X,Y)$ 中抽取样本了，而参数和状态变量各自的后验分布函数一般都比较容易得到：根据贝叶斯原理，参数的后验分布可以写成似然函数、参数的先验分布函数和某个常数的乘积形式。

MCMC 方法实施的关键在于将高维度的联合分布 $p(\theta,X|Y)$ 分解成较低维的 $p(\theta|X,Y)$ 和 $p(X|\theta,Y)$，进而再分别从它们中逐一产生样本。简单来说就是，先给定两个初始值 $\theta^{(0)}$ 和 $X^{(0)}$，从 $p(X|\theta^{(0)},Y)$ 中抽取 $X^{(1)}$，然后从 $p(\theta|X^{(1)},Y)$ 中抽取 $\theta^{(1)}$。这样依次迭代，算法就会得到一条由随机变量组成的长度为 G 的序列 $\{X^{(t)},\ \theta^{(t)}\}_{t-1}^{G}$。这条链中的量不是相互独立的，但它是一条马尔可夫链，因而具有很好的属性：在一定的条件分布下，这条链收敛到联合分布 $p(\theta,X|Y)$。序列 $\{X^{(t)},\ \theta^{(t)}\}_{t-1}^{G}$ 可以用于参数和状态变量的估计，这时就要用到 Monte Carlo 方法。假定函数 $f(\theta,X)$ 存在一阶矩，则

$$E[f(\theta,X)\mid Y]=\iint f(\theta,X)p(\theta,X\mid Y)\mathrm{d}X\mathrm{d}\theta \tag{5.17}$$

它的 Monte Carlo 估计为 $\dfrac{1}{G}\sum\limits_{t-1}^{G}f(\theta^{(t)},\ X^{(t)})$。当 $G\rightarrow\infty$ 时，MCMC 方法具有很好的收敛属性。首先是马尔可夫链的分布收敛到 $p(\theta,X|Y)$；其次是 $\dfrac{1}{G}\sum\limits_{t-1}^{G}f(\theta^{(t)},\ X^{(t)})$ 收敛到条件期望 $E[f(\theta,X)|Y]$。

MCMC 方法的基本步骤可以归纳如下：

（1）初始化参数 θ 和状态变量 X。

（2）求出参数和状态变量的联合后验分布函数 $p(\theta,X|Y)$，并将其分解为 $p(\theta|X,Y)$ 和 $p(X|\theta,Y)$。

（3）依次从参数的后验分布函数 $p(\theta|X,Y)$ 和状态变量的后验分布函数 $p(X|\theta,Y)$ 中抽取样本值，并依据一定的概率决定是否接受这个值。

（4）抽样值形成一条马尔科夫链，验证其是否收敛，收敛的序列可以用来进行统计分析，如求参数估计的均值、标准差等。

5.3.2.3　MCMC 方法

MCMC 方法分为两种：一种是 Gibbs 算法；另一种是 Metropolis - Hasting 算法（简称 M - H 算法）。

（1）Gibbs 抽样算法。Gibbs 抽样算法是最简单的 MCMC 方法，当参数和状态变量的后验分布 $p(\theta|X,Y)$、$p(X|\theta,Y)$ 都是标准形式的分布，可以直

接从密度函数中抽样时，即为 Gibbs 抽样。这里所说的标准形式的分布包括正态分布、t 分布、beta 分布、gamma 分布、二项分布以及 Dirichlet 分布。给定初始值（$\theta^{(0)}$，$X^{(0)}$），Gibbs 抽样算法如下：

1）从 $p[\theta | X^{(0)}, Y(\theta^{(0)})]$ 中抽取 $\theta^{(1)}$。

2）从 $p[\theta | X^{(1)}, Y(\theta^{(1)})]$ 中抽取 $X^{(1)}$。

重复这样的步骤，Gibbs 算法将得到一系列的随机变量 $\{X^{(t)}, \theta^{(t)}\}_{t-1}^{G}$。我们可以通过调整 G 的大小来控制算法的进行，当序列收敛时迭代停止。

如果 $p(\theta | X, Y)$ 和 $p(X | \theta, Y)$ 的函数形式比较复杂，不是已有的标准分布，因而难以直接从中进行抽样时，也可以依据 Clifford - Hammersley 理论将参数和状态变量的后验分布 $p(\theta | X, Y)$ 和 $p(X | \theta, Y)$ 进一步分解后再迭代抽样。比如给定（$\theta^{(0)}$，$X^{(0)}$），$\theta = (\theta_1, \theta_2, \cdots, \theta_r)'$，其算法如下：

1）从 $p[\theta_1 | \theta_2^{(0)}, \theta_3^{(0)}, \cdots, \theta_r^{(0)}, X^{(0)}, Y(\theta)]$ 中抽取 $\theta_1^{(1)}$。

2）从 $p[\theta_2 | \theta_1^{(1)}, \theta_3^{(0)}, \cdots, \theta_r^{(0)}, X^{(0)}, Y(\theta)]$ 中抽取 $\theta_2^{(1)}$。

⋮

r）从 $p[\theta_r | \theta_1^{(1)}, \theta_2^{(1)}, \cdots, \theta_{r-1}^{(1)}, X^{(0)}, Y(\theta)]$ 中抽取 $\theta_r^{(1)}$。

然后再抽取状态 $p(X | \theta, Y)$。同样，$p(\theta | X, Y)$ 也可以进行类似地迭代。

（2）Metropolis - Hastings 算法。当模型中的参数是非线性的，它们的条件分布不可识别或者即使知道了分布函数，但是不是标准形式，很难找到一种有效的算法能够从这个分布中直接抽样时，就不能再使用 Gibbs 算法了。这时我们就需要使用另外一种抽样方法——Metropolis - Hastings 算法，实际上Gibbs 抽样就是当接受概率为 1 时的 M - H 算法。

考虑当某个参数的后验条件分布可以用一个式子表达，即 $\pi(\theta_i) = p(\theta_i | \theta_{(-i)}, X, Y)$，但是我们不能够从这个分布中抽样 [简单起见，只考虑单一参数的情况，即从一维分布 $\pi(\theta)$ 中抽样]。M - H 算法要求首先选择一个建议的密度 $q(\theta^{(t+1)} | \theta^{(t)})$，其中 $\theta^{(g)}$ 表示进行第 g 次迭代时的参数。在大多数情况下，这个密度必须与其他参数和状态变量有关，但是我们可以稍微放松这一限制：只要求可以较容易地计算密度的比例就可以了。这样，我们所要研究的连续时间模型都满足了这一条件。M - H 算法的基本思想是从建议密度中先抽取待估参数的候选值，然后基于一定的接受概率看是接受还是拒绝这个候选值。具体算法如下：

（1）从建议密度 $q(\theta | \theta^{(t)})$ 中抽取 θ。

（2）从均匀分布 $U[0, 1]$ 中抽取随机数 u。

（3）当 $u < \alpha(\theta^{(t)}, \theta^{(t+1)})$ 时，接受 θ，也就是使 $\theta^{(g+1)} = \theta$。其中

$$\alpha(\theta^{(g)}, \theta^{(g+1)}) = \min\left(\frac{\pi(\theta^{(g+1)}) / q(\theta^{(g+1)} | \theta^{(g)})}{\pi(\theta^{(g)}) / q(\theta^{(g)} | \theta^{(g+1)})}, 1\right) \quad (5.18)$$

（4）当 $u \geqslant \alpha(\theta^{(t)}, \theta^{(t+1)})$ 时，拒绝 θ，即 $\theta^{(g+1)} = \theta^{(g)}$。

反复进行这几步就可以得到样本序列 $\{\theta^{(t)}\}_{g-1}^{G}$，而它的极限分布就是 $\pi(\theta)$。

5.3.3　子集 (subset) 法

Subset 法是针对小失效概率模拟计算效率低的问题而提出的一种将空间划分为一系列的子集，然后通过子集模拟，将小概率转化为较大的条件概率的乘积来表示的方法，即首先设定一个比随机变量的空间内的失效区域更大的（概率）失效部分空间，逐步缩小失效空间的方法（图 5.2）。例如，假定随机变量空间中，失效区域为 F，欲计算损伤概率 $P(F)$，定义总体空间为 F_0，设定一个 $P(F_i | F_{i-1}) = 10^{-1}$ 的部分，则式（5.19）成立。

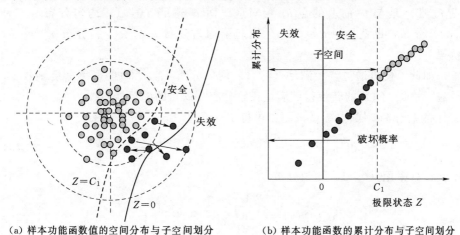

（a）样本功能函数值的空间分布与子空间划分　　　（b）样本功能函数的累计分布与子空间划分

图 5.2　子集 (subset) 法概念图

C_1—对应子空间分界的功能函数值

$$F_0 \supset F_1 \supset F_2 \cdots \supset F_m \supset F \tag{5.19}$$

结构损伤概率可由这些部分集合以式（5.20）的条件概率公式计算。

$$P(F) = P(F | F_m) P(F_m | F_{m-1}) P(F_{m-1} | F_{m-2}) \cdots P(F_1 | F_0) \tag{5.20}$$

例如，某结构的失效概率 $P(F)$ 在 10^{-4} 左右时，可令 $P(F_i | F_{i-1})$ 为 10^{-1} 左右，构造 3 个子空间 F_1，F_2，F_3。则 $P(F)$ 可由式（5.21）计算：

$$P(F) = P(F | F_3) P(F_3 | F_2) P(F_2 | F_1) P(F_1 | F_0) \tag{5.21}$$

式（5.21）中，4 项 10^{-1} 左右的值相乘，即可得到 10^{-4} 量级，可以大大节省计算量。

5.3.4　用 MCMC 方法在子空间产生样本的方法

在子空间中产生样本时所服从的概率分布已经不是原来的密度函数 $p(x)$ 了，而是一个条件概率密度函数 $\text{pdf}(x|F_i)$。

$$\text{pdf}(x|F_i)=\frac{\text{pdf}(x)I_{F_i}(x)}{P(F_i)} \tag{5.22}$$

式中：$P(F_i)$ 为设定的子空间 F_i 的概率；$\text{pdf}(x)$ 为目标分布 $\pi(x)$ 概率密度函数。

式（5.22）中，当 $x\in F_i$ 时，$I_{F_i}(x)=1$，反之 $I_{F_i}(x)=0$。

当目标分布 $\pi(x)$ 为对数正态分布等任意分布时，令 $\pi(x)$ 的累积分布函数为 $\Phi(x)$。由于 $\Phi(x)$ 是单调递增函数，可令 $u=\Phi(x)$，则 x 轴上的任一点 x_i 唯一地与 u 轴上的点 u_i 相对应。而 u 满足（0，1）均匀分布，x 为 $\pi(x)$ 分布，也就是说 $u=\Phi(x)$ 架起了均匀分布 u 与 $\pi(x)$ 分布 x 之间的桥梁。

如此，便可通过产生满足（0，1）均匀分布 $I_{(0,1)}(u)$ 的概率密度函数 u，经过 $x=\Phi^{-1}(u)$ 的转换得到满足任意分布 $\pi(x)$ 的随机样本 x。

将 $I_{(0,1)}(u)$ 代入式（5.22），可得

$$\text{pdf}(u|F_i)=\frac{\text{pdf}(u)I_{F_i}(u)}{P(F_i)}=\frac{I_{(0,1)}(u)I_{F_i}(u)}{P(F_i)} \tag{5.23}$$

本次计算采用（0，1）均匀分布。

$$q(x'|x_k)=\begin{cases}\left(\dfrac{1}{2a}\right)^n & |x_k-x'|_\infty<a \\ 0 & \text{（其他情况）}\end{cases} \tag{5.24}$$

式中：n 为随机变量 u 的维数；x_k、x' 为采样得到的随机样本，$|x_k-x'|_\infty$ 为所有维中 $|x_k-x'|$ 的最大值；a 为（0，1）上的任意实数。

则选择率由式（5.25）定义：

$$\begin{aligned}\alpha(u_k,u')&=\min\left\{\frac{\pi(u')q(u_k|u')}{\pi(u_k)q(u'|u_k)},1\right\} \\ &=\min\left\{\frac{P(F_i)I_{(0,1)}(u')I_{F_i}(u')(2a)^n}{P(F_i)I_{(0,1)}(u_k)I_{F_i}(u_k)(2a)^n},1\right\} \\ &=\min\left\{\frac{I_{(0,1)}(u')I_{F_i}(u')}{I_{(0,1)}(u_k)I_{F_i}(u_k)},1\right\}\end{aligned} \tag{5.25}$$

5.3.5　基于 MCMC 方法和 subset 法的结构失效概率的求解

设结构的极限状态方程为 $Z=f(x)$，其中，随机变量 x 的概率分布为 $p(x)$，结构损伤的定义为 $Z<0$，失效概率即为 $P(Z<0)$。具体的步骤如下：

（1）由 MCS 方法产生 n_t 个服从密度函数 $p(x)$ 的样本，并分别计算各样本的极限状态值，置子空间序号为 $i=0$。

（2）在 n_t 个样本中依次取 Z 值最小的 n_s 个样本，$P(F_{i+1}|F_i)=n_s/n_t$ 的子空间中，F_{i+1} 可由式（5.26）求得：

$$F_{i+1}=\{x\,|\,Z(x)<C_{i+1}\},\ C_{i+1}=\frac{Z_{n_s}+Z_{n_s+1}}{2} \tag{5.26}$$

（3）用 MCMC 方法在子空间 F_{i+1} 内再产生 n_t 个随机样本。

（4）统计 $Z<0$ 的样本个数（即处于损伤状态的样本数）n_f 是否足够多，若是满足要求则停止计算，否则转到步骤（2）。

经过以上步骤，在第 i 个子空间内达到损伤状态的个数为 n_f，则总的结构损伤概率可由式（5.27）得到：

$$P(Z<0)=\left(\frac{n_s}{n_t}\right)^i \frac{n_f}{n_t} \tag{5.27}$$

第6章

考虑寿命周期成本的水工结构设计优化

6.1 水工结构设计优化

6.1.1 水工结构设计优化的目的和意义

水工结构的优化设计是相对于传统设计方法而言的。传统设计方法是设计者根据设计要求以及实践经验，参考类似的工程设计，确定结构方案，然后进行水力、结构等方面的计算。实际上这里的计算往往只是起一种校核及补充细节的作用，仅仅证实了原方案的可行性。当然，设计者可以通过不同方案的比较，对结构布局、材料选择、构件尺寸等进行修改，以便得到更为合理的方案。但是，往往由于时间的限制、工作量过大等原因，方案比较这一环节受到很大的限制，有时甚至是不可能的。传统设计的特点是将所有参与计算的参数视为常量，用结构优化设计的术语来讲，这种设计是"可行的"，而未必是"最优的"。尤其当设计者的经验不足或遇到的是新型结构时，这样的设计一般只能是"可行的"设计。而水工结构优化设计则是把计算原理和优化技术有机地结合，根据设计要求，将待优化的参数视为变量，形成全部可能的结构设计方案域，利用一定的优化方法在方案域中找出满足预定要求的不仅可行而且最好的设计方案。

我国水工结构优化设计的研究和应用始于 20 世纪 70 年代末。近年来，随着计算机应用技术的飞速发展和设计理论的不断成熟，水工结构优化已成为水工结构设计的发展趋势，许多工程采用优化设计节省了工程量，缩短了工期。我国学者先后对重力坝、空腹重力坝以及拱坝等进行设计优化，并取得了较好的效果，建立的拱坝优化模型已应用于 100 多个工程。浙江的瑞洋拱坝是世界上第一座用优化方法设计的拱坝，节约投资 30.6%；四川二滩水电站混凝土双曲拱坝经优化设计后节约混凝土约 50 万 m^3；广西龙滩碾压水电站混凝土重力坝经科技攻关与设计优化，不仅发电工期提前，而且节约坝体混凝土量 35 万 m^3、土石方开挖 150 多万 m^3，节约人民币 2 亿元以上。

6.1.2　水工结构设计优化研究存在的问题

近年来，我国在水工结构设计优化领域取得了一定的成果，但同时仍然存在着一些不可忽视的问题，主要体现在基于规范的设计理论缺乏灵活性，与目前在国际工程界得到广泛认可的"性能设计"存在较大差距。另外，现有的水工结构风险分析及设计优化方法也有待于进一步改进和完善。

（1）设计理论与方法。水工结构优化设计实质上是在结构的安全性和经济性之间寻找最佳的设计方案。我国不同时期的水利水电工程规范均考虑了结构安全性的保证，早期以经验为主的"安全系数法"是将影响结构安全度的不确定性因素化为定值计算。这种方法不能准确反映结构的实际可靠度，并且不同结构的安全度没有可比性。而目前正在推行的以结构可靠度理论为基础的概率极限状态设计法，可以较好地对设计中不定性因素进行量化分析。《水工统标》中明确地提出了可靠度的概念，并且规定了不同等级的结构所需满足的可靠度及相应的失效概率。水工结构设计理论的过渡和改进使结构可靠度有了比较定量的描述，为保证水工建筑物安全运行、节约投资起到了积极的推动作用。但正如潘家铮院士指出的"规范对设计者也有束缚作用"，即使是按照目前较先进的基于可靠度的设计规范，也只能够保证所设计的结构满足可靠度要求，但实际的结构可靠度没有计算，即对结构的安全余度不能定量描述。而且现行规范规定的结构安全准则是相对固定的，相同级别的结构其可靠度要求相同，而没有考虑到即使是相同级别的结构，失效破坏成本有可能不同。这里假定设计两个同等级别的大坝，其中一个大坝的失效成本为 10 个亿，而另一个坝的失效成本为 50 个亿，按照规范要求，两个坝采用相同的安全水平（失效概率）显然是不合理的。因此，以现行规范为基础的优化设计实质上是在保证结构安全水平的前提下初始成本最小化的设计，而没有考虑结构在整个寿命内成本的优化。

现行水工结构设计是基于规范的设计（specification based design），也可以称为处方式设计，有关结构尺寸、材料、分析方法等按照规范"照方抓药"即可。但这种传统的设计理论与方法不能够考虑工程的特殊要求，而且由于过于重视结构造价的降低，而忽视结构在长期运行中的经济性和社会性。为了有效地避免传统设计理论的弊端，国际工程界在 20 世纪末提出了"基于性能的结构设计"理论与方法。这种全新的设计方法针对结构功能的极限状态进行不确定性设计，在满足多元化的结构功能要求下，以结构系统可靠度为决策变量，以结构寿命全过程为时间范围，以相应的寿命期内总的费用和损失之和最小为决策目标，实现设计功能在安全-费用上的最佳平衡。性能设计是未来工程设计的发展方向，为使我国的水工结构设计与世界接轨，应该考虑将性能设计的理论与方法合理地引入到水利工程设计领域。因此，本书对基于 LCC 的水工结构设计理论与方法进行研究。LCC 分析是性能设计的重要组成部分，是现代优化设计由传统的初始成本效益有效性发展到了寿命周期成本有效性设计的基础。

（2）优化模型与优化方法。优化模型的建立和优化方法选择是水工结构设计优化最终得以实现的途径。由于各种水工结构的工作环境、功能要求以及所受荷载的特殊性，在建立优化模型时如何根据结构的具体情况选择对优化结果影响较大的变量作为优化变量、需要考虑哪些几何和性能约束条件等是水工结构优化面临的又一关键问题。另外，传统的优化方法具有一定的局限性，如需要梯度信息、凸规划、单峰问题等。随着科学技术的发展，工程结构日趋复杂，许多问题用传统的方法难以求解，需要用全新的优化方法来处理这类问题。因此，本书将粒子群优化（particle swarm optimization，PSO）算法引入到结构优化设计领域。PSO 算法采用简单的速度-位移模型，避免了复杂的遗传操作，同时由于能够动态调整搜索策略，因此具有较强的全局收敛能力和鲁棒性。需要强调的是各种优化算法在具体应用时均存在一定的问题。因此，现代水工结构优化设计需要针对具体优化问题的特点，建立有效的求解策略和优化算法，甚至需要对一些现有的算法进行改进、重组或推出新的行之有效的优化算法。

6.2 水工结构优化模型

近年来，相关文献虽然提出了考虑寿命期总费用的经济优化问题，但是在我国水利工程界至今尚无可供实际操作的标准。基于 LCC 理论的水工结构设计是在保证结构寿命期内安全水平要求的前提下，确保其寿命周期成本最优化的一种全新设计方法。LCC优化设计不仅考虑了经济因素在设计优化过程中的主导地位，而且考虑了结构风险要求，将优化设计的目标由传统的初始成本有效性发展为寿命周期成本有效性。

LCC优化设计的目标是最小化结构的LCC，同时考虑其他约束和控制条件：

目标：

$$\text{Minimize LCC}$$

约束条件：

设计变量约束：$\left.\begin{aligned} & \boldsymbol{x}^{\mathrm{L}} \leqslant \boldsymbol{x} \leqslant \boldsymbol{x}^{\mathrm{U}} \\ & P_{\mathrm{f}}(x) \leqslant P_{\mathrm{f}}^{\mathrm{allow}} \end{aligned}\right\}$ (6.1)

可靠度约束：

以上模型中各项的意义及计算或取值方法如下：

（1）LCC的计算。式（6.2）中LCC的计算可以采用第2章的LCC计算模型中的LCC简化计算模型、非时变结构可靠度模型或时变结构可靠度模型。本书主卞研究非时变结构初始成本与结构失效成本的优化，因此LCC的计算模型采用式（2.4）。其中，初始成本C_{L}包括材料费、施工费和设计费，可根据设计方案参考《水利工程设计概（估）算编制规定》（水总〔2014〕429号）和《水利工程施工与概预算》确定。结构失效成本的计算，当前普遍接受的做法是将结构的几个关键失效模式的失效概率同各自的失效损失相乘后再相加，见式（2.4）。这种计算方法也是国际标准《结构可靠性总原则》（ISO 2394）所建议的。

（2）设计变量约束。一个结构的设计方案是由若干个参数来描述的，其中部分参数是按照某些具体要求事先给定的，它们在优化设计过程中始终保持不变，称为预定参数；而待优化的参数在优化过程中是以变量形式定义的，称为设计变量。在结构体形优化中最常使用的设计变量是结构的几何尺寸，这时设计变量约束也可称为几何约束，即在设计优化过程中要满足结构尺寸的要求。设计变量可以是连续的，也可以是离散跳跃的。遇到离散的设计变量，如结构中有关尺寸要符合模数的要求，为了简化计算，有时可以权宜地视为连续变量，而在最后决定方案时，再选取最为接近的离散值。以上优化模型中x为设计变量组成的向量，而$\boldsymbol{x}^{\mathrm{L}}$和$\boldsymbol{x}^{\mathrm{U}}$分别为设计变量向量的下限和上限。

（3）结构可靠度约束。结构可靠度约束是LCC优化设计的一个主要约束条件，LCC优化的前提就是要保证结构满足一定的安全水平。在具体优化过程中，一般以结构的失效概率代替可靠度对安全水平进行约束。结构失效概率P_{f}的计算在第5章中有详细的介绍，这里主要分析结构可接受的失效概率$P_{\mathrm{f}}^{\mathrm{allow}}$的确定方法。目前，各国对$P_{\mathrm{f}}^{\mathrm{allow}}$取值的规定不同。在水利水电行业，我国相继颁布了《水工统标》以及钢筋混凝土及重力坝等方面的规范，对Ⅰ级、Ⅱ级、Ⅲ级坝规定设计可靠度指标分别为4.2、3.7和3.2，对应的可靠度为

$99.99\% \sim 99.997\%$，失效概率相应为 $(3\sim10)\times10^{-5}$。由于荷载及结构本身抗力的不确定性，结构失效概率是一个随机变量，因此，规范和标准中 P_f^{allow} 的取值一般是通过对结构荷载（作用）和材料强度（抗力）变异性（或不均匀性）及其他不定因素进行统计分析得到的失效概率。

基于以上 LCC 计算模型，本书提出的水工结构 LCC 设计优化目标为

$$C_L(x)+C_D(x,T)\rightarrow\min \tag{6.2}$$

其中结构的可靠度 $1-P_f$ 与初始成本 C_L、失效成本 C_D 以及 LCC 的关系可以用图 6.1 表示。

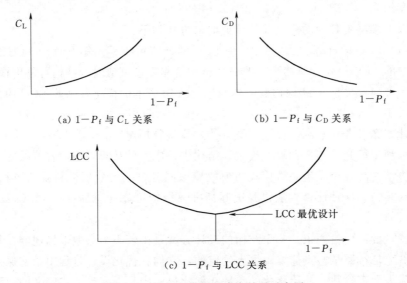

(a) $1-P_f$ 与 C_L 关系　　　　　　　　(b) $1-P_f$ 与 C_D 关系

(c) $1-P_f$ 与 LCC 关系

图 6.1　结构可靠度与成本关系示意图

如图 6.1（a）所示，结构初始成本随着可靠度 $1-P_f$ 的增加而增加；相反，如图 6.1（b）所示，结构寿命期内的失效成本随着可靠度的增加而减少；图 6.1（c）表示结构寿命期内的总成本与可靠度的关系。在上述实用 LCC 模型中，C_L、C_D 均与设计变量 x 有关。如果仅从 LCC 最低的角度考虑，最优设计如图 6.1（c）所示，但一般情况下还需考虑设计变量的取值范围、结构破坏概率的要求等约束和控制条件，因此，寻找真正的最优设计需要借助于一定的优化搜索技术。

6.3　基于 PSO 算法和寿命周期成本理论的水工结构设计优化

水工结构寿命周期成本设计优化的具体实现需要借助于有效的优化方法，

目前常用的优化方法大致可以归纳为 3 类：数学规划法、最优准则法和进化算法。前两种方法都是基于梯度信息的最优下降法，因此它们都存在着一个潜在的缺点：其所求解的目标函数的超曲面如果呈多峰多谷状，且优化变量的取值范围又较大时，往往只能得到局部最优解。近年来，许多学者提出了基于 GA 的结构设计优化方法。与传统的优化方法相比，GA 的主要优点在于：它从多个初始点开始寻优，沿多路径搜索实现全局或准全局最优；对优化问题没有太多的数学约束，可以处理任意形式的目标函数和约束条件，但 GA 也存在未成熟收敛、振荡、随机性大及迭代过程缓慢的缺点。为此，本书提出将 PSO 算法应用于水工结构设计优化，PSO 算法与人工生命特别是进化算法有着极为特殊的联系。但与进化算法相比，PSO 采用简单的速度-位移模型，避免了复杂的遗传操作，同时它特有的记忆使其可以动态跟踪当前的搜索情况以调整其搜索策略，具有较强的全局收敛能力和鲁棒性，且不需要借助问题的特征信息。

6.3.1　PSO 算法基本原理

PSO 算法是一种新兴的演化计算技术，是由 Kennedy 和 Eberhart 受鸟群觅食行为的启发于 1995 年提出的。尽管最初的设想是仿真简单的社会系统，研究并解释复杂的社会行为，但后来发现 PSO 算法是解决复杂优化问题的有效技术。PSO 算法与其他演化算法相似，也是基于群体的，根据对环境的适应度将群体中的个体移动到较好的区域。然而它不像其他演化算法那样对个体使用演化算子，而是将每个个体看作 D 维搜索空间中的一个没有体积的粒子，在搜索空间中，粒子以一定的速度和方向飞行，并通过群体间的信息共享和个体自身经验的总结来不断修正个体的行为策略，从而使整体逐渐"飞行"到最佳区域。在 PSO 算法中，D 维空间中的每一个"粒子"代表了优化问题的一个可行解，在整个寻优过程中，每个粒子的适应值取决于所选择的优化函数的值，并且每个粒子都具有以下几类信息：粒子当前所处位置；到目前为止由自己发现的最优位置，可视为粒子自身飞行的经验；到目前为止，整个群体中所有粒子发现的最优位置，这个可视为粒子群的同伴共享飞行经验。这样，各粒子的运动速度受到自身和群体历史运动状态信息的影响，并以自身和群体的历史最优位置来对粒子当前的运动方向和运动速度加以影响，很好地协调了粒子自身运动和群体运动之间的关系。

在具体优化过程中，PSO 算法首先生成一个随机微粒群（随机解），每个粒子在其多维解空间中飞行（寻优），飞行速度根据其自身的和其他粒子的飞行状况及经验进行动态调整。设在 D 维空间中有 n 个微粒，第 i 个微粒在空间中的位置 $\boldsymbol{X}_i$、速度 $\boldsymbol{V}_i$ 以及经历的历史最好位置 $\boldsymbol{P}_i$ 分别为

$$\boldsymbol{X}_i = (x_{i1}, x_{i2}, \cdots, x_{iD}) \quad (i = 1, 2, \cdots, n)$$

$$\boldsymbol{V}_i = (v_{i1}, v_{i2}, \cdots, v_{iD}) \quad (i = 1, 2, \cdots, n)$$

$$\boldsymbol{P}_i = (p_{i1}, p_{i2}, \cdots, p_{iD}) \quad (i = 1, 2, \cdots, n) \tag{6.3}$$

其中，$\boldsymbol{P}_i$ 也称为 $\boldsymbol{P}_{\text{best}}$。每一个微粒都有与优化目标函数 $f(X)$ 相对应的适应值，一般以优化函数作为适应值函数。整个种群中微粒所经历的具有最好适应值的位置为 $\boldsymbol{g}_{\text{best}} = (g_1, g_2, \cdots, g_D)$。函数

$$f(\boldsymbol{P}_{\text{best}}) = \min\{f[\boldsymbol{P}_1(t)], f[\boldsymbol{P}_2(t)], \cdots, f[\boldsymbol{P}_n(t)]\} \tag{6.4}$$

表示 $f(X)$ 的全局最优解。对第 t 代的第 i 个微粒，PSO 算法根据下列进化方程计算第 $t+1$ 代的第 j 维的速度和位置：

$$v_{ij}(t+1) = w v_{ij}(t) + c_1 \text{rand}_1(\ )[p_{ij} - x_{ij}(t)] + c_2 \text{rand}_2(\ )[g_j - x_{ij}(t)]$$

$$\tag{6.5}$$

$$x_{ij}(t+1) = x_{ij}(t) + v_{ij}(t+1) \tag{6.6}$$

式中：w 为惯性权重 (inertia weight)；c_1、c_2 分别为加速常数 (acceleration constants)；$\text{rand}_1(\ )$、$\text{rand}_2(\ )$ 分别为两个在 [0，1] 范围内变化的随机函数。

此外，粒子的速度 V_i 被一个最大速度 $V_{\max}$ 所限制。如果当前对粒子的加速导致它在某维的速度 v_{id} 超过该维的最大速度 $v_{\max,d}$，则该维的速度被限制为该维最大速度 $v_{\max,d}$。

从运动方程 (6.5) 可以发现，粒子飞行的速度由三个项组成：第 1 项表示粒子维持先前速度的程度，它维持算法拓展搜索空间的能力；第 2 项为"认知 (cognition)"部分，表示粒子本身的思考，粒子对自身成功经验的肯定和倾向，同时存在适当的随机变动，反映学习的不确定因素；第 3 项为"社会 (social)"部分，表示粒子间的信息共享与合作。

PSO 算法迭代终止条件一般为最大迭代次数或粒子群迄今为止搜索到的最优位置的适应值满足预定的最小适应度阈值。由于所有粒子都根据自身经验和群体经验不断向最优解的方向靠近，当所有粒子趋向同一点时，即认为达到了最优位置。

6.3.2 PSO 算法流程

PSO 算法流程如下：

(1) 设定粒子群粒子个数、寻优代数、加速因子、惯性权重系数等参数值，随机初始化各粒子的位置和速度。

(2) 由所要优化的目标函数的设计变量数确定粒子的空间维数，由目标函数值计算每个粒子的适应值，并计算 $\boldsymbol{P}_{\text{best}}$ 和 $\boldsymbol{g}_{\text{best}}$。

(3) 比较每个粒子的适应值与个体极值 $\boldsymbol{P}_{\text{best}}$，如果 $f(\boldsymbol{P}_i) > f(\boldsymbol{P}_{\text{best}})$，则

$P_{best} = P_i$。

（4）比较每个粒子的适应值与全局极值 g_{best}，如果 $f(P_i) > f(g_{best})$，则 $g_{best} = P_i$。

（5）根据式（6.5）和式（6.6），更新每个粒子的飞行速度和空间位置。

（6）判断是否达到设定的收敛控制准则。如未达到返回步骤（2）继续寻优；若达到则停止寻优，并输出计算结果。

PSO 算法的程序流程如图 6.2 所示。

6.3.3 适应度函数

PSO 算法在搜索过程中一般不需要其他外部信息，仅用适应度函数值评估个体的优劣。适应度函数值又称适应度（fitness），它是衡量微粒飞行位置优劣的指标，也是实现微粒由初始位置不断向最佳位置靠近的动力源，在PSO 算法中有重要的意义。在实际问题中，有时希望适应度越大越好，有时希望适应度越小越好，有时候希望适应度越接近某个值越好。这种最大、最小等问题在优化多目标时应统一

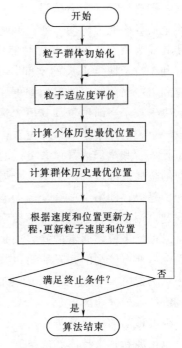

图 6.2 PSO 算法流程图

表达式，统一按最大或最小等问题处理即可。在基于 LCC 的水工结构优化过程中，目标函数是 LCC 最小化，即某一方案（粒子）的 LCC 值越大；相反，某一方案（粒子）的 LCC 值越小，其适应度越大。因此，可将适应度函数直接定义为 LCC 的倒数即可。考虑到水工结构的 LCC 取值较大，为便于各方案的适应度评价，可用一个较大的数乘以 $\frac{1}{LCC}$ 作为适应度函数，即

$$F(X) = \frac{10^{10}}{LCC} \tag{6.7}$$

式中：$F(X)$ 为对应于某一设计方案的适应度函数。

6.3.4 PSO 算法参数分析与设置

PSO 算法自出现至今，已经历了很多的调整与修正，很多研究人员对参数的选择及其对算法性能的影响进行了大量的分析与实验，为 PSO 算法理论和应用的研究奠定了坚实的基础。对 PSO 算法性能影响较大的参数包括：惯性权重 w，最大速度 V_{max}，加速常数 c_1 和 c_2。

（1）惯性权重 w。w 对于 PSO 算法的收敛性起到很大的作用，w 值越大，则全局寻优能力越强，局部寻优能力越弱，反之，则局部寻优能力增强，而全局寻优能力减弱。通过调整 w 的大小来控制以前速度对当前速度的影响，使其成为兼顾全局搜索与局部搜索的一个折中。因为 w 大，则速度 v 就大，有利于粒子搜索更大的空间，可能发现新的解域；而 w 小，则速度 v 就小，有利于在当前解空间里挖掘更好的解。如果没有第 1 项，即 $w=0$，则速度只取决于粒子当前位置和其历史最好位置 $\boldsymbol{P}_{best}$ 和 $\boldsymbol{g}_{best}$，速度本身没有记忆性。假设一个粒子位于全局最好位置，它将保持静止。而其他粒子则飞向它本身最好位置 $\boldsymbol{P}_{best}$ 和全局最好位置 $\boldsymbol{g}_{best}$ 的加权中心。在这种条件下，粒子群将收缩到当前的全局最好位置，更像一个局部算法。在加上第 1 项后，粒子有扩展搜索空间的趋势，即第 1 项有全局搜索能力。这也使得 w 的作用为针对不同的搜索问题，调整算法全局和局部搜索能力的平衡。早期的试验将 w 固定为 1.0，但全局搜索来说，通常的好方法是在前期有较高的探索能力以得到合适的种子，而在后期有较高的开发能力以加快收敛速度。为此可将 w 设为随时间线性减小，例如由 1.4 到 0，由 0.9 到 0.4，由 0.95 到 0.2 等。

（2）最大速度 V_{max}。PSO 算法是通过调整每一次迭代时每一个粒子在每一维上移动的距离来进行的。速度的改变是随机的，但不希望不受控制的粒子轨道扩展到越来越广阔的空间，并最终达到无穷。如果粒子要有效地搜索，必须采取某些措施使振幅衰减。传统的方法是使用一个常数 V_{max}，当该维的速度超过该维的最大速度的时候，就限制该维的速度为 V_{max}。参数 V_{max} 有利于防止搜索发散（爆炸），实现人工学习和态度转变。V_{max} 值的选择需对问题有一定的先验知识。为了跳出局部最优需要较大的步长，而在接近最优值时，采用更小的步长会更好。但由于引入了惯性权重 w，可消除对 V_{max} 的需要，因为它们的作用都是维护全局和局部搜索能力的平衡。这样，当 V_{max} 增加时，可通过减小 w 来达到平衡搜索。而 w 的减小可使得所需的迭代次数变小。从这个意义上看，可以将 V_{max} 固定为每维变量的变化范围，只对 w 进行调节。

（3）加速常数 c_1 和 c_2。加速常数 c_1、c_2 是用来调整粒子的自身经验与社会（群体）经验在其运动中所起作用的权重。如果没有第 2 项，即 $c_1=0$，则粒子没有认知能力，也就是"只有社会（social-only）"的模型。在粒子的相互作用下，有能力到达新的搜索空间。它的收敛速度比标准版本更快，但对于复杂问题，则比标准版本更容易陷入局部优值点。如果没有第 3 项，即 $c_2=0$，则粒子之间没有社会信息共享，也就是"只有认知（cognition-only）"的模型。因为个体间没有交互，一个规模为 M 的群体等价于运行了 M 个单个粒子的运行，因而得到解的几率非常小。对一些函数的测试结果也验证了这一点。如果 $c_1=c_2=0$，则粒子没有任何经验的信息，粒子的运动则显得杂乱无章。Suganthan 的实验表明，c_1 和 c_2 为常数时可以得到较好的解。

6.3.5　基于 PSO 算法的水工结构设计优化

PSO 算法为水工结构设计提供了一个有效的优化方法，以 LCC 理论为基础的水工结构优化过程的具体实现要以 LCC 优化模型的建立、结构失效模式和极限状态方程的确定以及结构可靠度分析为基础。基于 PSO 算法的水工结构 LCC 设计优化流程如图 6.3 所示。

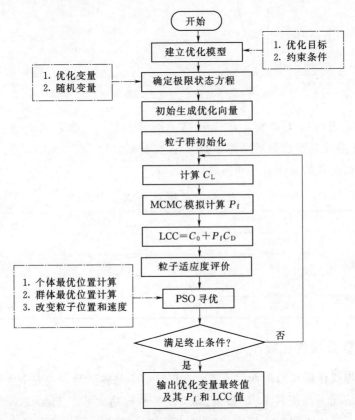

图 6.3　基于 PSO 算法的水工结构 LCC 设计优化流程图

6.4　重力坝优化设计实例

6.4.1　基本资料

图 6.4 为某混凝土重力坝非溢流断面，此坝按一级建筑物设计。已知坝高

$H=90\text{m}$，坝长 150m，坝顶宽度为 5m；下游水位为 17.8m；混凝土容重为 24kN/m³；坝前泥沙淤积高程为 26.88m，泥沙浮容重为 5kN/m³；风速为 20m/s，吹程为 5.0km；扬压力系数为 0.25；坝基属Ⅲ类岩石。

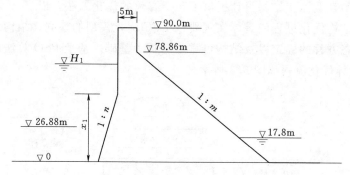

图 6.4　某混凝土重力坝断面图

根据工程的有关资料，将年最高上游水位 H_1、基岩的允许抗压应力 $[\sigma]$，河床段建基面抗剪断摩擦系数 f'；抗剪断凝聚力 c'（MPa）设为随机变量，各随机变量的分布形式和参数见表 6.1。

表 6.1　　　　　　　　　随机变量统计结果

随机变量	H_1/m	f'	c'/MPa	$[\sigma]/\text{MPa}$
均值 μ	72.82	1	0.9	5
变异系数 δ	0.07	0.22	0.36	0.16
方差 σ	5.24	0.22	0.40	0.8
分布	正态	正态	对数正态	正态

6.4.2　重力坝优化模型

重力坝优化模型的建立主要考虑在保证整个结构满足一定安全水平以及尺寸要求的情况下，使其 LCC 最低。LCC 主要包括大坝的初始成本和失效成本，且此两项成本均与大坝断面的尺寸参数有关。因此，这里将主要尺寸参数——上游坝面折坡点高程 x_1、上游坝面坡度 n 和下游坝面坡度 m 设为待优化变量，即优化向量 $\boldsymbol{X}=(x_1, n, m)$。由以往的一般混凝土重力坝的实际工程分析，取混凝土重力坝每立方米的初始造价为 350 元人民币（包括材料费、施工费和设计费）；经初步估算，该重力坝失效后带来的经济损失为 20 亿元人民币（包括直接经济损失和间接经济损失）。建立该重力坝的优化目标和约束条件如下：

目标函数　　　　　$\text{LCC}=V(\boldsymbol{X})\times350+P_\text{f}\times20\times10^8\rightarrow\min$　　　　　(6.8)

约束条件 1 $$P_f \leqslant P_f^{allow} \tag{6.9}$$

约束条件 2 $$\left. \begin{array}{l} \dfrac{1}{2}H \leqslant x_1 \leqslant \dfrac{2}{3}H \\[2mm] 0.5 \leqslant m \leqslant 0.9 \\[2mm] 0 \leqslant n \leqslant 0.2 \end{array} \right\} \tag{6.10}$$

式中：$V(\boldsymbol{X})$ 为重力坝体积。

6.4.3 重力坝失效模式分析

重力坝的失效模式有多种，根据《水工统标》附件，求解可靠性的极限状态主要如下：

（1）抗滑极限状态。

$$Z_1 = f'\sum W + c'A - \sum P \tag{6.11}$$

式中：f' 为坝体与坝基面的抗剪断摩擦系数；c' 为坝体与坝基面的抗剪断凝聚系数；$\sum P$ 为平行于滑动面的全部有效荷载；$\sum W$ 为垂直于滑动面的全部有效荷载；A 为坝底截面积。

（2）坝址应力极限状态。

$$Z_2 = [\sigma_z] - (\sum W/B + 6\sum M/B^2) \tag{6.12}$$

式中：$\sum W$ 为计算截面以上铅直力的总和；$\sum M$ 为铅直力和水平力对计算截面中点的力矩总和；$[\sigma_z]$ 为坝址容许垂直压应力；其他符号意义同前。

（3）坝踵应力极限状态。

$$Z_3 = (\sum W/B - 6\sum M/B^2) - [\sigma_u] \tag{6.13}$$

式中：$[\sigma_u]$ 为坝踵容许拉应力；B 为坝体计算截面沿上下游方向的长度；其他符号意义同前。

在根据以上极限状态计算结构失效概率时，假定 3 种失效模式是独立的，不存在相关性，而且对重力坝来说，其中任何一种失效情况的发生都会导致坝的整体破坏。

6.4.4 荷载及荷载组合

在进行重力坝体型最优化设计时，荷载仅考虑基本组合，基本组合中的荷载有自重、静水压力、扬压力、泥沙压力、浪压力和土压力等。各种荷载作用的计算参考文献 [85]。

6.4.5 优化结果分析

基于以上重力坝优化模型和图 6.3 所示流程，利用 Matlab 编程，其中结构失效概率的计算采用 MCMC 方法与 subset 法相结合的方法。PSO 算法参数设置如下：w 设为随时间线性减小，从 1.4 到 0.9；c_1 和 c_2 设为常数：$c_1=c_2=2$；由于待优化变量 n 和 m 均小于 1，另外一个待优化变量 x_1 的取值范围为 $[30，45]$，为便于设置 $V_{\max}$，将 $\dfrac{x_1}{100}$ 作为优化变量，并将 $V_{\max}$ 设置为 0.01。

为便于用户对不同风险水平的设计方案进行比较，经计算得到如表 6.2 所列 3 个设计方案。

表 6.2　　　　　　　　　　重 力 坝 优 化 结 果

设计方案	风险约束	优 化 结 果					
		失效概率 P_f	优化变量			初始成本 $C_L/10^8$	LCC$/10^8$
			x_1/m	n	m		
方案 1	无	1.013×10^{-3}	30	0.2	0.728	1.4421	1.4624
方案 2	$P_f\leqslant5\times10^{-5}$	4.82×10^{-5}	30	0.2	0.744	1.4673	1.4682
方案 3	$P_f\leqslant1\times10^{-5}$	7.8×10^{-6}	33	0.2	0.740	1.4691	1.4693

以上 3 个方案都以 LCC 最小作为优化目标，且失效损失按 20 亿元人民币计算。如果仅以 LCC 最低作为优化目标，则方案 1 最优，但其相应的失效概率较大，在 10^{-3} 量级，与《水工混凝土结构设计规范》（SL 191—2017）规定的失效概率（或可靠度）要求相距较远。方案 2 和方案 3 由于设置了较小的风险约束，因此，初始成本 C_L 和 LCC 均较方案 1 大，如方案 2 的初始成本比方案 1 的初始增加了 252 万元，但由于结构风险的降低，最终的 LCC 值只相差58 万元。

对应于以上各优化方案的 PSO 算法收敛曲线见图 6.5～图 6.7。

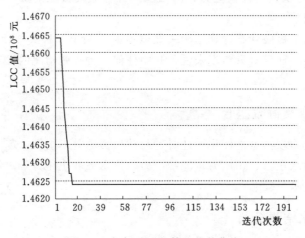

图 6.5　方案 1 PSO 算法收敛曲线

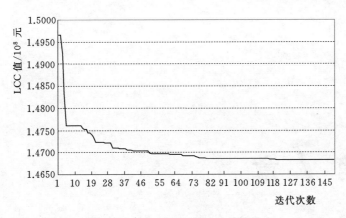

图 6.6   方案 2 PSO 算法收敛曲线

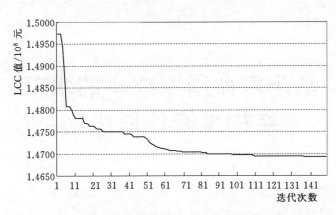

图 6.7   方案 3 PSO 算法收敛曲线

第 7 章

基于寿命周期成本的水工结构维修计划优化

　　水利工程投资巨大，一般要求有较长的安全运行寿命。但其在常年运行过程中不可避免地会出现老化、功能减退等现象，如不及时采取合理的维修措施，对工程进行修复和加固，必将影响工程效益的正常发挥。有资料表明，水工建筑物维修投资有时远远大于初始建设投资，因此，如何适时、适当地对建筑物进行维修加固是摆在工程管理者面前的一项重要任务。目前水工建筑物的维修基本为定期维修或当结构性能达到规定低限时采取的补修，而且工程管理单位一般仅考虑当前次维修的效益成本比的最大化，而没有从把建筑物寿命期内维修成本降到最低的角度出发对维修方案进行优化，因此常常造成维修资金的浪费和投资安排上的失误。考虑 LCC 的维修计划优化不仅从维修成本角度考虑尽量降低 LCC，同时也要求满足结构使用寿命和性能水平等要求，可以保证建筑物维修资金的合理有效分配，属多目标优化问题。本章采用多目标随机搜索方法——多目标遗传算法的 NSGA‐Ⅱ对以渡槽为例的水工结构维修计划进行科学、合理地优化。

7.1　水工结构维修计划优化的内容及特点

7.1.1　维修计划优化的内容

水工结构维修计划是指在工程运行的早期阶段制订的维修方案，维修计划是关系建筑物维修成本、性能以及寿命的重要决策问题。维修计划优化是试图在工程寿命、性能和维修成本之间找到最佳平衡，制订科学合理的工程维修计划，使工程在寿命周期内既能安全工作，又能使维修成本最低。水工结构维修计划优化的主要内容是维修方法和维修时间的优化。

1. 维修方法优化

水工结构维修方法的选择与优化主要是在维修成本和维修效果之间进行协调，水工混凝土建筑物各种维修方法的成本和实施后的效果不同。一般情况下，成本越高的维修方法其维修效果也越好，对结构性能的改善或劣化过程的抑制效果越好。但在制订维修计划时，人们总希望维修成本尽量低而结构性能水平尽可能高，为解决这一矛盾问题，需要对寿命周期内的维修方法进行选择与优化。

维修方法优化模型的建立，要以维修成本的定量计算和维修效果的定量分析为基础。在第4章中已对各种维修措施实施效果进行了定量分析，而维修成本的计算可参考《水利工程维修养护定额标准（试点）》（2010年修订稿）和《水利工程概预算定额》（2017年），首先计算维修措施的单位成本，再计算出需处理的构件面积（如渡槽槽身需修补部分表面积），则维修成本为两者的乘积；对于支座、止水等小构件的更新，其成本即为构件成本。

2. 维修时间（间隔）优化

水工建筑物维修时间（间隔）的确定也是关系维修成本和结构性能的主要因素，维修间隔越短，维修成本越高，但一般情况下，结构寿命和性能会有较大改善；相反，维修间隔越长，成本降低的同时结构性能会相应降低。即使对同一结构来说，假定两个维修计划的维修方法和次数相同，即维修成本相同，但各次维修实施时间不同，则对应两个维修计划的结构寿命和性能表现不同。因此，维修时间或维修间隔也是维修计划优化的一个主要内容。水工建筑物维修按时间选择的不同，可分为定期维修和必要性维修。定期维修是基于时间的，即按照规定的时间间隔对工程进行维修；必要性维修是基于性能的，维修时间选择为结构性能达到所要求低限的时刻。以上两种维修时间的选择方式均缺乏科学性，因此，本书提出维修时间优化的概念，根据管理单位的具体要求，在结构寿命周期内寻找最佳维修时机，有效避免投资安排的盲目性。

在各种维修时间计划方案中寻找最优方案的主要依据是：① 最优方案要保证结构在整个寿命周期内性能不低于最低限制，也就是说寿命周期内每一次维修的时间都满足在结构达到最低性能要求之前的计划才有可能成为最优方案；② 各方案对应的结构寿命期内的性能。因此，维修时间优化的基础是结构寿命周期内性能的定量分析与预测，包括不考虑维修和考虑维修两种情况，此部分内容在 4 章中已有研究。

7.1.2　维修计划优化的特点

（1）基于 LCC 理论的水工结构维修计划优化属于多目标、多约束的组合优化问题。其优化目标除了 LCC 最低以外，还包括建筑物寿命以及寿命期内性能要求等，且各目标之间存在互相竞争的关系。另外，针对工程管理单位的具体要求，在优化过程中还需考虑维修资金限制、结构安全水平等多种约束条件。

（2）水工结构维修计划优化是一个涉及多领域研究的复杂问题，优化模型的建立要以维修效果及成本定量分析、结构寿命期内劣化过程评价与预测等为前提。

 ## 7.2　多目标优化

最优化处理是在所有可能的选择中搜索对于某些目标来说的最优解。如果仅考虑一个目标，就成为单目标优化问题；如果存在的目标超过一个并且需要同时处理，就成为多目标优化问题（multi-objective optimization problem，MOP）。多目标优化的思想起源于 1776 年经济学中的效用理论，1896 年，经济学家 V. Pareto 首先在经济平衡的研究中提出多目标最优化问题，引进了被称为 Pareto 最优解的概念。20 世纪 60 年代以来，多目标优化问题吸引了越来越多不同背景的研究人员的注意力，他们利用各种多目标优化方法解决了复杂的系统设计、建模以及规划等问题。

7.2.1　多目标优化问题的基础

7.2.1.1　多目标优化问题的数学模型

多目标优化问题不同于单目标优化，单目标优化研究的是单个目标函数的极值问题，多目标优化则要同时优化多个可能相互冲突的目标函数。一般的多目标优化问题由一组目标函数和一些相关的约束组成，可作如下数学描述：

$$\left.\begin{array}{l} \text{Min/Max} \quad f_i(\boldsymbol{x}) \quad (i=1,2,\cdots,m) \\ \text{s. t.} \quad g_j(\boldsymbol{x}) \leqslant 0 \quad (j=1,2,\cdots,p) \\ \qquad\quad h_k(\boldsymbol{x}) = 0 \quad (k=1,2,\cdots,q) \end{array}\right\} \qquad (7.1)$$

其中，$\boldsymbol{x} = (x_1, x_2, \cdots, x_n)^{\mathrm{T}}$，是由决策变量 $x_1, x_2, \cdots, x_n$ 构成的决策向量；$g_j(\boldsymbol{x})$ 和 $h_k(\boldsymbol{x})$ 分别为不等式约束和等式约束函数；$\boldsymbol{X} = \{\boldsymbol{x} \in \boldsymbol{R}^n, |g_j(\boldsymbol{x}) \leqslant 0, h_k(\boldsymbol{x}) = 0\}$ 是问题的可行域；$f_i(\boldsymbol{x})(i=1,2,\cdots,m)$ 为子目标函数。

由于最大化和最小化问题之间可以相互转化，且假设所有目标函数 $f_1(\boldsymbol{x})$，$f_2(\boldsymbol{x})$，$\cdots$，$f_i(\boldsymbol{x})$ 组成了多目标优化问题的向量目标函数 $\boldsymbol{f}(\boldsymbol{x})$，即

$$\boldsymbol{f}(\boldsymbol{x}) = [f_1(\boldsymbol{x}), f_2(\boldsymbol{x}), \cdots, f_i(\boldsymbol{x})]^{\mathrm{T}} \qquad (7.2)$$

则式（7.1）又可表示为

$$\left.\begin{array}{l} \text{Minimize} \quad \boldsymbol{f}(\boldsymbol{x}) \\ \text{s. t} \quad g_j(\boldsymbol{x}) \leqslant 0 \quad (j=1,2,\cdots,p) \\ \qquad\quad h_k(\boldsymbol{x}) = 0 \quad (k=1,2,\cdots,q) \end{array}\right\} \qquad (7.3)$$

7.2.1.2　多目标优化的基本概念

（1）Pareto 最优解。对于多目标优化问题，在多个子目标互相冲突的情况下，为了提高其中一个子目标函数的结果，必然会降低另外一个或几个子目标函数的结果，也就是说要同时使这多个子目标都一起达到最优是不可能的，而是只能在它们中间进行协调和折中处理，这就是 Pareto 在 1896 年提出的 Pareto 最优解的概念。Pareto 最优解的定义如下：

对于 $\boldsymbol{x}^* \in \boldsymbol{X}$，若不存在 $\boldsymbol{x} \in \boldsymbol{X}$（$\boldsymbol{x} \neq \boldsymbol{x}^*$）使得

$$\boldsymbol{f}(\boldsymbol{x}) \leqslant \boldsymbol{f}(\boldsymbol{x}^*) \qquad (7.4)$$

成立，即不存在 $\boldsymbol{x}$，使

$$f_i(\boldsymbol{x}) \leqslant f_i(\boldsymbol{x}^*) \qquad (7.5)$$

对所有 $i=1, 2, \cdots, m$ 成立，且其中至少一个为严格不等式，则 $\boldsymbol{x}^*$ 为多目标优化问题的一个最优解（或非劣解）。具体地说，在可行域 $\boldsymbol{X}$ 中找不到一个解 $\boldsymbol{x}$ 能满足：①$\boldsymbol{x}$ 对应的向量目标函数 $\boldsymbol{f}(\boldsymbol{x})$ 中的每一个分量目标值都不比 $\boldsymbol{f}(\boldsymbol{x}^*)$ 中相应值大；②$\boldsymbol{f}(\boldsymbol{x})$ 中至少有一个目标值要比 $\boldsymbol{f}(\boldsymbol{x}^*)$ 中的相应值小。

如果将最优解定义中的条件稍微放宽，就可得到弱最优解的定义：对于 $\boldsymbol{x}^* \in \boldsymbol{X}$，若不存在 $\boldsymbol{x} \in \boldsymbol{X}$（$\boldsymbol{x} \neq \boldsymbol{x}^*$）使得

$$\boldsymbol{f}(\boldsymbol{x}) < \boldsymbol{f}(\boldsymbol{x}^*) \quad (i=1,2,\cdots,m) \qquad (7.6)$$

成立，则称 $\boldsymbol{x}^*$ 为多目标优化问题的一个弱最优解（或弱非劣解）。具体地说，在可行域 $\boldsymbol{X}$ 中找不到一个解 $\boldsymbol{x}$，使得向量目标函数 $\boldsymbol{f}(\boldsymbol{x})$ 中的每一个目标的值

都比 $f(x^*)$ 中的相应值小，最优解一定是弱最优解。

（2）非支配集。

定义 1 设 P 为一个集合，其大小为 n，P 中每个个体均有 r 个属性。f_k 是每个属性的评价函数（$k=1, 2, \cdots, r$），若 $f_k(x) < f_k(y)$，则称 x 支配 y，表示为 $x \succ y$。此时称 x 为非支配的（non - dominated），y 为被支配的（dominated），其中"$\succ$"表示支配关系。

定义 2 对于给定个体 $x \in P$，若不存在 $y \in P$，使 $y \succ x$，则称 x 为集合 P 的非支配个体。由所有 P 的非支配个体组成的集合称为 P 的非支配集。每一个非支配解都是多目标问题的一个最优解。

（3）Pareto 曲面。多目标优化问题如果存在最优解，往往存在无穷多个，由所有最优解构成的集合称为非劣最优解集，也就是 Pareto 最优解集。Pareto 最优解集在目标空间上为连续或分散的非劣前沿曲面。如图 7.1 所示为目标函数是两个的情况下的非劣解曲面（线）。如何保证最优曲面距离真正的 Pareto 曲面最近、最优解的分布均匀且范围更广是求解多目标优化问题的关键。

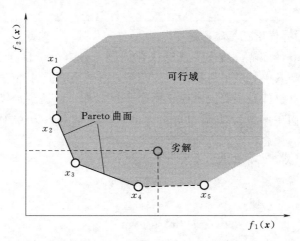

图 7.1 非劣解曲面（线）

x_1，x_5—弱 Pareto 最优解；x_2，x_3，x_4—Pareto 最优解

（4）多目标优化问题的最终解。在求解多目标优化问题时，Pareto 最优解集是无法直接应用的。决策者只能选择令其最满意的一个非劣解作为最终解。求最终解主要有三类方法：第一类是求非劣解的生成法，即先求出大量的非劣解，构成非劣解的一个子集，然后按照决策者的意图找出最终解；第二类是交互法，先不求出很多的非劣解，而是通过分析者与决策者对话的方式，逐步求出最终解；第三类是事先根据决策者的偏好，将多目标问题转化为单目标问题进行求解，从而得到最终解。

7.2.2 传统多目标优化方法

大多数传统多目标优化方法基于偏好的方法，它们利用决策者提供的偏好信息，通过一定的手段把多目标优化问题转化为一个或一系列单目标优化问题，然后用数学规划手段求解并获得最终解。常用的传统优化方法如下：

（1）目标加权法。该方法的思想是将多个目标通过线性组合生成一个总体目标函数，从而将多目标问题转化成为一个单目标问题：

$$\left.\begin{array}{l} \text{Minimize} \quad f(\boldsymbol{x}) = \sum_{i=1}^{m} \omega_i f_i(\boldsymbol{x}) \\ \text{s. t.} \qquad\qquad \boldsymbol{x} \in \boldsymbol{X} \end{array}\right\} \tag{7.7}$$

式中：ω_i 为决策者根据各子目标的重要程度确定的权系数，且满足 $\sum_{i=1}^{m} \omega_i = 1$。

在不同权值组合下求解这个单目标优化问题就可以求得一个解集。

（2）主要目标法。主要目标法是根据问题的实际情况，确定一个目标为主要目标，而把其余目标作为约束处理，并根据决策者的经验，设定各约束的限值，从而将原多目标问题转化成一个在新的约束条件下，对主要目标优化的单目标问题。假定原有目标个数为 m，主要目标函数为 $f_k(\boldsymbol{x})$，其余 $m-1$ 个目标 $f_i(\boldsymbol{x})(1 \leqslant i \leqslant m, i \neq k)$ 均有允许的界限值 ε_l 和 ε_u：

$$\left.\begin{array}{l} \text{Minimize} \ f(\boldsymbol{x}) = f_k(\boldsymbol{x}) \\ \text{s. t.} \qquad \varepsilon_l \leqslant f_i(\boldsymbol{x}) \leqslant \varepsilon_u \quad (1 \leqslant i \leqslant m, i \neq k) \\ \qquad\qquad \boldsymbol{x} \in \boldsymbol{X} \end{array}\right\} \tag{7.8}$$

主要目标法简单易行，它保证在次要目标允许取值的条件下，求出主要目标尽可能好的值，因此对实际问题常常很适用。

（3）极大-极小法。极大-极小法的根本思想是在确定一个初始点 $\boldsymbol{x}^{(0)}$ 后，计算出各分目标函数的值 $f_i(\boldsymbol{x}^{(0)})(i=1, 2, \cdots, m)$ 并进行比较，找出其中一个目标函数值最大的目标函数作为极小化目标，找到一个新的点 $\boldsymbol{x}^{(1)}$，再计算 $\boldsymbol{x}^{(1)}$ 处的各分目标函数值 $f_i(\boldsymbol{x}^{(1)})(i=1,2,\cdots,m)$，再比较，并找出其中最大值的目标函数，再以此目标极小化，又确定新的点 $\boldsymbol{x}^{(2)}$ …… 如此反复，直到找到最优解为止。这种方法的数学模型为

$$\text{Minimize}_{\boldsymbol{x} \in \boldsymbol{X}} \phi(\boldsymbol{x}) \tag{7.9}$$

$$f(\boldsymbol{x}) = \max\{f_1(\boldsymbol{x}), f_2(\boldsymbol{x}), \cdots, f_m(\boldsymbol{x})\} \tag{7.10}$$

（4）分层排序法。分层排序法是将目标函数按其重要程度排成一个次序，然后分别在前一个目标函数最优解的基础上求后一个目标的最优解，并把最后一个目标的最优解作为原多目标问题的最优解。假设目标函数按其重要程度的排序为

$$f_1(\boldsymbol{x}), f_2(\boldsymbol{x}), \cdots, f_m(\boldsymbol{x})$$

先求第一个目标函数 $f_1(\boldsymbol{x})$ 在可行域 $\boldsymbol{X}$ 上的最优值，即

$$\underset{\boldsymbol{x} \in \boldsymbol{X}}{\text{Minimize}} f_1(\boldsymbol{x}) = f_1^* \qquad (7.11)$$

并记其最优解集为 $\overline{\boldsymbol{R}_1}$，则 $\overline{\boldsymbol{R}_1} = \{\boldsymbol{x} \in \boldsymbol{X} \mid f_1(\boldsymbol{x}) = f_1^*\}$，再在 $\overline{\boldsymbol{R}_1}$ 上求第二个目标函数 $f_2(\boldsymbol{x})$ 的最优值，即

$$\underset{\boldsymbol{x} \in \overline{\boldsymbol{R}_1}}{\text{Minimize}} f_2(\boldsymbol{x}) = f_2^* \qquad (7.12)$$

并记其最优解集为 $\overline{\boldsymbol{R}_2}$，则

$$\overline{\boldsymbol{R}_2} = \{\boldsymbol{x} \in \overline{\boldsymbol{R}_1} \mid f_2(\boldsymbol{x}) = f_2^*\} = \{\boldsymbol{x} \in \boldsymbol{R} \mid f_i(\boldsymbol{x}) = f_i^*, i = 1, 2\} \qquad (7.13)$$

依此继续下去，在第 $p-1$ 个目标函数的最优解集 $\overline{\boldsymbol{R}_{p-1}}$ 上求第 p 个目标函数的最优值，即

$$\underset{\boldsymbol{x} \in \boldsymbol{R}_{p-1}}{\text{Minimize}} f_p(\boldsymbol{x}) = f_p^* \qquad (7.14)$$

并记其最优解集为

$$\overline{\boldsymbol{R}_p} = \{\boldsymbol{x} \in \overline{\boldsymbol{R}_{p-1}} \mid f_p(\boldsymbol{x}) = f_p^*\}$$
$$= \{\boldsymbol{x} \in \boldsymbol{R} \mid f_i(\boldsymbol{x}) = f_i^*, i = 1, 2, \cdots, m\} \qquad (7.15)$$

$\overline{\boldsymbol{R}_p}$ 即为原多目标问题的最优解。

传统方法解决多目标优化问题可以充分利用用户掌握的决策信息，直接得到符合决策条件的优化结果，避免了优化后的决策步骤。此外传统方法还有易于实现、运算速度高等优点。但很难保证传统方法所需要的决策信息的准确性和客观性，而且对于目标函数间断和多峰的情况逐点计算的方法很难搜索到全部非劣解。

7.2.3 多目标遗传算法

遗传算法（genetic algorithm，GA）被用于多目标优化称为多目标遗传算法（multi-objective genetic algorithm，MOGA）。与传统优化方法相比，遗传算法不会受到比如 Pareto 曲面形状、目标个数等条件的限制，还可以处理随机的、不确定的离散搜索空间问题。MOGA 是针对多目标问题解不唯一的特点，基于传统 GA 基础，在多目标决策空间中随机搜索非劣的 Pareto 最优解集，再由决策者根据一定的偏好信息从 Pareto 最优解集中选择最终解的方法。

7.2.3.1 遗传算法基础

1. 遗传算法基本原理

遗传算法是借鉴生物界自然选择和自然遗传机制的随机化搜索算法。它是由美国 Michigan 大学的 J. Holland 教授于 1975 年首先提出的，其主要特点是群体搜索策略和群体中个体之间的信息交换，是一种以随机理论为基础的模仿

生物进化的搜索方法。和传统搜索算法不同，遗传算法从一组随机产生的初始解，称为"种群（population）"，开始搜索过程。群体中的每个个体是问题的一个解，称为"染色体（chromosome）"。染色体是一串符号，比如一个二进制字符串。这些染色体在后继迭代中不断进化，称为遗传。在每一代中用"适应度（fitness）"来衡量染色体的好坏。生成的下一代染色体，称为后代（offspring）。后代是由前一代染色体通过交叉（crossover）或者变异（mutation）运算形成的。新一代形成过程中，根据适值的大小选择部分后代，淘汰部分后代，从而保持种群大小是一常数。适值高的染色体被选中的概率较高。这样，经过若干代之后，算法收敛于最好的染色体，它很可能就是问题的最优解或准最优解。遗传算法的常用形式是 Goldberg 提出的，设 $P(t)$ 和 $C(t)$ 分别表示第 t 代的双亲和后代，遗传算法的一般结构可描述如下：

```
begin
t←0;
    初始化 P(t);
    评估 P(t);
    while 不满足终止条件 do
    begin
        重组 P(t)获得 C(t);
        评估 C(t);
        从 P(t)和 C(t)中选择 P(t+1);
        t←t+1;
    end
end
```

在上述过程中，通常初始化是随机产生的，重组以选择、交叉和变异来获得后代。其中交叉和变异模拟了基因在每一代中创造新后代的繁殖过程，选择则是种群逐代更新过程。

2. 遗传算法设计的基本步骤

（1）参数编码。由于遗传算法不能直接处理空间的解数据，必须把它们转化成遗传空间的由基因按一定结构组成的染色体或个体，此转化操作称为编码。编码的方法对遗传操作有很大的影响，编码对于算法的性能如搜索能力和种群多样性等影响很大，目前主要有二进制编码、浮点数编码和符号编码三种形式。二进制编码由二进制符号"0"和"1"组成，浮点数编码直接由实数构成。一般来讲，二进制编码比浮点数编码搜索能力强，浮点数编码比二进制编码在变异操作上能够保持更好的种群多样性。在实际应用中，编码应该针对要解决的问题来确定。

（2）初始种群。初始种群也称为进化的第一代，种群所包含的个体即为随机产生的可行解。为保证群体的多样性并有效避免早熟收敛，初始种群应具备一定的规模。但考虑到计算量的问题，也需适当控制初始种群的规模。

（3）适应度函数设计。适应度函数是 GA 进化搜索的基本依据，GA 以个体适应度的大小来评定各个体的优劣程度，从而决定其遗传机会的大小。将映射成最大值形式的目标函数作为适应度函数是最常用的适应度函数设计方法。

（4）遗传参数选择。遗传算法的主要参数包括群体规模 n、交叉概率 p_c 以及变异概率 p_m 等。群体大小太小时难以求出最优解，太大则增长收敛时间，一般 $n = 30 \sim 160$；交叉概率 p_c 太小时难以向前搜索，太大则容易破坏高适应值的结构。一般 $p_c = 0.25 \sim 0.75$；变异概率值越大，种群多样性越高，但搜索的随机性增大，一般取 $p_m = 0.01 \sim 0.2$。

（5）遗传操作设计。选择、交叉和变异是遗传算法操作算子中最基本的三种形式，它们是模拟自然选择以及遗传过程中发生的繁殖、杂交和基因突变现象的主要载体。遗传算法利用遗传算子产生一代又一代新的群体从而实现进化，因此遗传算子的设计是整个算法策略的关键。

1）选择。选择操作又称为繁殖、再生或复制操作，它是把当前群体中适应度较高的个体按某种规则或模型复制到下一代群体。遗传算法中较为常用的选择策略有轮盘赌式选择、排序选择、精英选择、联赛选择等。

轮盘赌式选择也称为适应度比例选择，是遗传算法中最普遍使用的选择策略。通过计算某个体适应度在整个群体的个体适应度总和中所占的比例来确定个体被选择的概率。选取过程体现了"适者生存，优胜劣汰"的思想，并且保证优良基因遗传到下一代个体。但该方法有一个很严重的缺陷，当种群中个体适应值的差异非常大时，GA 容易过早的收敛到局部最优解。

排序选择是将种群中个体按其适应值由大到小的顺序排列，然后将事先设计好的序列概率分配给每个个体。最常用的排序选择方法是采用线性函数将队列序号映射为期望的选择概率，即线性排序选择。

精英选择是种群收敛到优化问题最优解的一种基本保障。如果下一代种群的最佳个体适应值小于当前种群最佳个体的适应值，则将当前种群最佳个体或者适应值大于下一代最佳个体适应值的多个个体直接复制到下一代，以替代最差的下一代种群中的相应数量的个体。

联赛选择的基本思想是从当前种群中随机选择一定数量的个体，将其中适应值最大的个体保存到下一代。反复执行该过程，直到下一代个体数量达到预定的种群规模。

2）交叉。交叉是产生新个体、保持群体多样性的主要方法，其操作过程是在匹配集中按一定的交叉概率 p_c 任选两个染色体（双亲染色体），在染色体的数字串的长度范围内，随机选择一个或多个交换点位置。交换双亲染色体右边的部分，即可得到两个新的（下一代）染色体数字串。二进制编码的染色体两点交叉，如图7.2所示。

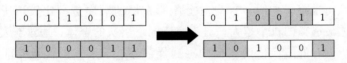

图7.2 交叉操作（两点交叉）

3）变异。变异是指模拟生物在自然的遗传进化环境中由各种偶然因素引起的基因模式突然改变的个体繁殖方式。在变异操作中，常以一定的概率在群体中选取个体，随机选择个体的二进制位串中的某一位进行由概率控制的变换（即1→0或由0→1）从而产生新的个体。在遗传算法中采用变异算子增加了群体中基因模

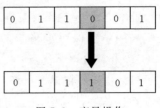

图7.3 变异操作

式的多样性，从而避免群体进化过程过早地陷入局部最优区域。以二进制编码为例，变异操作产生后代个体的过程如图7.3所示。

7.2.3.2 多目标遗传算法

多目标遗传算法与单目标遗算法的基本结构相类似，主要区别是适应度分配及选择策略。MOGA最常见的适应度分配方法是基于Pareto最优解的，即根据Pareto优势来计算个体的适应度，并依据个体适应度值进行选择。目前，基于 Pareto 最优解的 MOGA 的代表算法为 pareto archived evolution strategy（PAES）、pareto envelope – based selection algorithm（PESA）、strength pareto evolutionary algorithm Ⅱ（SPEA Ⅱ）以及 non – dominated sorting genetic algorithm –Ⅱ（NSGA –Ⅱ），其中NSGA –Ⅱ既具有良好的收敛性和分布性，又有较快的收敛速度，从而被国内外学者广泛引用。以下主要介绍 NSGA –Ⅱ的原理和计算流程。

1. NSGA –Ⅱ的原理

NSGA 由 Srinivas 和 Deb 在 20 世纪 90 年代初提出。该算法与简单遗传算法的主要区别在于选择操作不同，在执行选择算子之前，种群根据个体之间的支配与非支配关系进行排序。首先，找出该种群中的所有非支配个体，并赋予他们一个共享的虚拟适应度值，以保证同级个体有同样的复制概率，得到第一个非支配最优层；然后，忽略这组已分层的个体，对种群中的其他个体继续按照支配与非支配关系进行分层，并赋予它们一个新的虚拟适应度值，该值要小于上一层的值，对剩下的个体继续上述操作，直到种群中的所有个体都被分

层。为维持种群的多样性，防止早熟收敛，NSGA 对每一层个体分别采用适应度共享策略，即将个体原来的适应值除以与其周围的个体数目成比例的一个数，根据这个降低后的适应值执行选择操作以实现共享。基于以上原理，NSGA 在执行选择操作时，首先对个体所在层的顺序进行比较，所属层次越靠前的个体被选择的机率越大；对于属于同一层次的个体，通过对实行共享策略后个体所具有的适应值的比较确定选择顺序。NSGA 的优点是非劣最优解分布均匀，允许存在多个不同的等价解。但其计算效率较低，且需要人为确定对优化结果影响较大的参数——共享半径 σ_{share}。

针对 NSGA 的不足，Deb 于 1999 年在 NSGA 的基础上提出了基于快速分类、采用精英保留策略的多目标遗传算法 NSGA-Ⅱ。相对于 NGSA 而言，NSGA-Ⅱ具有以下优点：

（1）提出新的基于分级的快速非胜出排序算法，将计算复杂度由 $O(mN^3)$ 降到 $O(mN^2)$，其中：m 为目标函数个数，N 为种群中个体的数目。

（2）为了标定分级快速非胜出排序后同级中不同元素的适值，也为使准 Parcto 域中的元素能扩展到整个 Parcto 域，并尽可能均匀遍布，提出了拥挤距离的概念，采用拥挤距离比较算子代替需要计算复杂的共享参数的适值共享方法。

（3）采用了精英策略。精英策略的引入确保了非支配解能保存到下一代，防止了非支配解的丢失。

2.NSGA-Ⅱ的选择机制

（1）群体排序。群体中每一个体 i 都两个属性：群体中支配个体 i 的个体数量 n_i 和被个体 i 支配的个体数量 S_i。首先，找到群体中所有 $n_i=0$ 的个体，并保存于集合 F_1；然后，对于当前集合中的每个个体 j，其所支配的集合为 S_j，遍历 S_j 中的每个个体 l，执行 $n_l=n_l-1$，如果 $n_l=0$ 则将个体 l 保存在集合 H 中。将 F_1 作为第一个非支配层（集合），并将 H 作为当前集合，重复

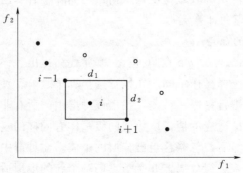

图 7.4　拥挤距离图示

上述操作，直到整个种群按照非支配关系分层。每一层中的个体具有相同的非支配序（如第 i 层所有个体的非支配序为 i_{rank}）

（2）拥挤距离比较机制。NSGA-Ⅱ中采用拥挤距离（crowding distance）比较方法克服了共享参数方法中的缺陷，不需要指定任何的系数就可以维持种群的多样性。拥挤距离的定义为：假设个体 $i(x_1, x_2, \cdots, x_n)$ 为解集 I 中的个体，x_j 表示 i 在第 j 维目标空间上的分量，个体 i 的拥挤距离定义为 d_i，可通过以下过程求得：

Set $C=|I|$	设解集 I 的大小为 C；
Set $i_d=0$	初始化拥挤距离为 0；
For every objective j{	
$I_j=\text{sort}(I, j)$	对解集解 I 在第 j 个目标空间排序
Assume x_j is the m_j th in I_j	假定 x_j 在 I_j 中的位置为 m_j
$d_i=d_i+I_j[m_j+1]-I_j[m_j-1]$	
}	

图 7.4 以两个目标函数为例，图中实心个体为非支配个体，个体 i 在目标函数 f_1 和 f_2 上的相邻个体为 $i-1$ 和 $i+1$，所以个体 i 的拥挤距离为 d_1+d_2。

拥挤距离的比较是确保算法能收敛到一个均匀分布的 Pareto 曲面，经过排序和拥挤距离计算，群体中的每个个体 i 都得到两个属性：非支配序 i_{rank} 和拥挤距离 d_i。NSGA-Ⅱ中定义了偏序关系 $\succ_n$，如果 $i_{rank} \leqslant j_{rank}$，且 $d_i > d_j$，那么 $i \succ_n j$（个体 i 优于个体 j）。也就是说，如果两个个体的非支配序不同，选择操作时优先选择序号低的个体；如果两个个体在同一级，则优先选择稀疏区域的个体。

（3）NSGA-Ⅱ流程。随机产生规模为 N 的初始种群 P_0，对其进行快速非支配排序，然后进行选择、杂交和变异操作，产生子代种群 Q_0。具体流程如下：

$t=0$	
while $t<\max$ gen	max gen 为最大进代数
$R_t=P_t\bigcup Q_t$	混合父代种群和子代种群
$F=\text{fast}-\text{non}-\text{dominated}-\text{sort}(R_t)$	快速非劣解分层，$F=\{F_1, F_2, \cdots\}$ 为所有的非支配层
$P_{t+1}=\emptyset$ and $i=1$	
Until $|P_{t+1}|+|F_i|\leqslant N$	直到父代群体个数为 N
$P_{t+1}=P_{t+1}\bigcup F_i$	将第 i 层个体加入到父代群体
$i=i+1$	
Crowding$-$distance$-$assignment(F_i)	计算 F_i 中个体的拥挤距离
Sort$(F_i, \succ_n)$	将第 i 层个体按 $\succ_n$ 算子升序排列
$P_{t+1}=P_{t+1}\bigcup F_i[N-|P_{t+1}|]$	将第 i 层前 $(N-|P_{t+1}|)$ 个个体加入到父代群体

$Q_{t+1}=\text{make}-\text{new}-\text{pop}(P_{t+1})$　　产生新的子代种群

$t=t+1$

3. 基于约束考虑的 NSGA - Ⅱ 的改进

水工建筑物维修优化属于多目标、多约束的优化问题，NSGA - Ⅱ虽然具有较好的优化机制，但其没有考虑约束条件对优化过程的控制作用。其群体排序方法由于只是根据各个目标函数进行个体的 Pareto 排序，所以对于求解无约束多目标优化问题显得简单而有效，但对于含有约束条件的有约束多目标优化问题则显得无能为力。又由于优化过程中种群生成带有随机性，每一代随机产生的种群中都有可能包含不满足约束条件的个体（$Y_i \leqslant [Y_r]$ 或 $S_{(i,t)} \leqslant [S_r]$的个体）。如何减小这些不合格个体的竞争能力，使最终生成的非劣解更趋合理，是水工结构维修计划优化需要考虑的一个主要问题。解决该问题常用的两个方法如下：

（1）对于在进化过程的每一代，都检测群体中包含的新个体是否违背约束条件，如果违背了约束条件，则重新产生新个体直到新个体满足约束为止。但是经过多次进化产生的不满足约束的个体中可能包含前面几代进化中的有用信息，如果去掉该个体，可能会丢失已有的有用信息，造成群体信息多样性的降低，而且增加了搜索时间。

（2）另外一种解决约束问题的方法是惩罚方法。该方法的基本思想是设法对不满足约束条件的个体给予惩罚，并将此惩罚体现在适应度函数设计中，使该个体的竞争能力降低，被遗传到下一代的机会减少。从而将一个约束优化问题转换为一个附带代价或惩罚的非约束优化问题。采用罚函数处理约束条件虽然比较直观简单，但是其求解性能很大程度上依赖于罚系数的设置，而且也不能完全体现个体之间的优劣关系。因此，本书在 NSGA - Ⅱ基础上，提出了一种新的多目标优化问题处理约束条件的分组非劣排序选择算法（group non - dominated sorting genetic algorithm，GNSGA - Ⅱ）。以下主要介绍 GNSGA - Ⅱ的基本原理及选择过程。

NSGA - Ⅱ与 GA 的主要区别在于个体的选择操作不同，GNSGA - Ⅱ是在NSGA - Ⅱ的基础上考虑约束条件的作用对个体的选择方法作了进一步的改进。该模型选择操作仍然是基于 Pareto 非劣排序，但在个体排序之前首先将父代中所有个体分为两个不同的组：满足约束条件的个体组和违反约束条件的个体组。这里需要强调的是，对于多约束优化模型，只要个体不满足其中一个约束条件，则该个体属于违反约束的个体。对于两个不同的组分别采用以下步骤进行组内个体排序：对于满足约束条件的组可完全按照 NSGA - Ⅱ的基于目标函数的快速分层非劣排序方法对该组内个体进行排序；对于违背约束的个体，首先根据各目标的具体要求定义对应于每个目标的"约束违反度"，即个体违反约束条件的程度的定量表示。通过约束违反度的定义，可将多个约束条件转化成多个要求约束违反度最低的目标函数，再按照 NSGA‑Ⅱ 的基于目标函数的快速分层非劣排序方法对组内个体进行排序。

GNSGA‑Ⅱ 分组排序原理如图 7.5 所示。其实质上是通过分组操作，使满足条件的个体尽量向非劣解靠近；而不满足条件的个体尽量向可行域靠近。通过逐代的个体进化过程得到最终的非劣解。

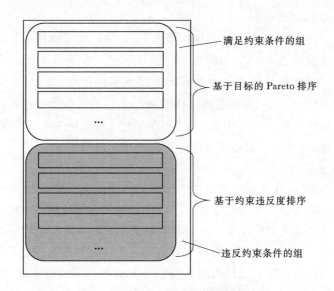

图 7.5　GNSGA‑Ⅱ 分组排序原理图

▷ 7.3　基于 LCC 理论的水工结构维修优化的具体实现

水工建筑物维修成本是 LCC 的主要组成部分，因此，维修计划优化是保证水工建筑物 LCC 最小化的前提。针对维修计划优化的多目标特点，在优化具体实现过程中采用了以上介绍的多目标遗传算法的 NSGA‑Ⅱ。NSGA‑Ⅱ 只能提供基本的遗传操作方法，要将其用于解决实际的维修优化问题，还需考虑问题的具体化。

1. 目标函数和约束条件设计

基于 LCC 的水工建筑物维修优化除考虑寿命周期维修成本以外，还要考虑结构性能和服务年限的要求。多目标优化的具体目标函数和约束条件如下（假定结构由 N 个不同的构件组成）：

目标 1：
$$C_{\text{total}} = \sum_{i=1}^{N} \text{LCC}_i \to \min \qquad (7.16)$$

目标 2：
$$Y_{\text{total}} = \sum_{i=1}^{N} Y_i \to \max \qquad (7.17)$$

约束条件 1：
$$Y_i \geqslant [Y_r] \qquad (7.18)$$

目标 3：
$$S_{\text{total}} = \sum_{i=1}^{N} \overline{S_i} \to \max \qquad (7.19)$$

约束条件 2：
$$S_{(i,t)} \geqslant [S_r] \qquad (7.20)$$

式中：LCC_i 为构件 i 的寿命周期维修成本 LCC 值，即为构件 i 在整个寿命周期内各次维修成本之和；Y_i 为构件 i 的服役年限，在具体计算过程中可将构件在最后一次维修后自然劣化到允许的可靠度指标低限 $[S_r]$ 的时间作为该构件的服役年限；$[Y_r]$ 为要求的结构服役年限；$\overline{S_i}$ 为构件 i 在服役年限内各年的可靠度指标均值，可调用第 4 章随机劣化过程分析子程序得到；$S_{(i,t)}$ 为结构可靠度指标；$[S_r]$ 为结构允许的可靠度指标最低值。

2. 遗传染色体编码

基于 LCC 的维修计划优化的主要内容是维修方法和维修间隔的优化。为将两部分内容融合于一个优化过程，遗传优化的染色体构成也相应包括这两部分。如图 7.6 所示为对应于某一构件染色体的 DNA 结构，编码方式采用十进制编码，其中，维修方法对应的各实数值代表所实施的维修方法序号，"0"表示不采取任何维修措施；维修间隔对应的各实数值代表维修实施的间隔时间，而且维修方法的选择和维修时间（间隔）存在一一对应的关系。另外，这里假定结构在整个寿命周期内最多维修 10 次，因此一个构件的染色体占位列数＝20，如果整个结构由 N 个构件组成，则在遗传优化过程中一个个体的染色体占位列数＝$20 \times N$。

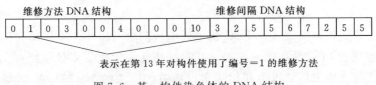

图 7.6 某一构件染色体的 DNA 结构

3. 约束违反度的定义

优化模型中的两个约束条件分别是对结构中每一构件的服役年限和寿命周期内性能的约束。在 GNSGA-Ⅱ中需要定义对应于每一个约束条件的约束违反度函数，以便使不满足条件的个体可以约束违反度最小化为目标进行分层非劣排序。因此，各目标约束违反度的定义非常关键。

不满足约束条件 1 的个体可以理解为结构中至少有一个构件的服役年限

Y_i 小于结构规定的服役年限 $[Y_r]$。且对应 $[Y_r]-Y_i$ 值越大的个体对约束的违反程度越大；相反，对应 $[Y_r]-Y_i$ 值越小的个体对约束的违反程度越小。因此，约束条件 1 的违反度可以定义为

$$\mathrm{RND}_1 = m \times [Y_r] - \sum_{i=1}^{m} Y_i \tag{7.21}$$

式中：RND_1 为对应于第一个约束条件的约束违反度；m 为结构中服役年限不符合要求的构件个数。

不满足约束条件 2 的个体是指结构中存在一个或一个以上的构件在服役年限内至少有一年的可靠度指标 $S_{(i,t)}$ 低于规定低限值 $[S_r]$。且对应 $[S_r]-S_{(i,t)}$ 值越大的个体对约束的违反程度越大；相反，对应 $[S_r]-S_{(i,t)}$ 值越小的个体对约束的违反程度越小。考虑到不满足条件的个体（结构）可能是存在多个构件在多个运行年的可靠度指标低于 $[S_r]$，所以约束条件 2 的违反度可以定义为

$$\mathrm{RND}_2 = \sum_{i=1}^{n} \sum_{t=1}^{k} ([S_r] - S_{(i,t)}) \tag{7.22}$$

基于以上约束违反度的定义，GNSGA-II 中违反约束条件的组内个体分层非劣排序的目标为：$\mathrm{RND}_i (i=1,2) \to \min$。

4. 基于 GNSGA-II 的水工建筑物维修优化程序流程

本书以 GNSGA-II 为基础，利用 C 语言编制了适用于水工结构维修计划优化的程序，其中主程序段需要调用完成个体选择操作的子程序和结构随机劣化分析程序 LHFS，程序的简化流程如下：

（1）主程序。

1）随机产生规模为 N 的初始种群 P_0，对其进行快速非支配排序，然后进行选择、杂交和变异操作，产生规模为 M 的子代种群 Q_0。

2）设置变量值 $[Y]$ 和 $[S_r]$。

3）进化代数初始值：$t=0$。

4）$R_t = P_t \bigcup Q_t$

Do　LHFS$(R_t) \to R_{t1}$ and R_{t2}　调用程序 LHFS 对 R_t 中个体分组

for every　j $(j=1,2,\cdots,|R_{t2}|)$

$$Y(j) = m \times [Y] - \sum_{i=1}^{m} Y_i, \ S(j) = \sum_{i=1}^{n} \sum_{t=1}^{k} ([S_r] - S_{(i,t)})$$

If$|R_{t1}| \geqslant N$

$F = \mathrm{fast-non-dominated-sort}(R_{t1})$　按三个原目标对 R_{t1} 中个体排序

$P_{t+1} = \varnothing$　and $i=1$

Do 子程序

Else

$P_{t+1} = \varnothing$　and $i=1$

$P_{t+1} = P_{t+1} \bigcup R_{t1}$

Objective RND$_i$（$i=1$，2）$\rightarrow$min　设置 R_{t2} 中个体排序的新目标

$F_2=$fast$-$non$-$dominated$-$sort(R_{t2}).　按新目标对 R_{t2} 中个体非劣排序

Do 子程序

$Q_{t+1}=$make$-$new$-$pop(P_{t+1}) 产生新的子代种群

$t=t+1$

If　$t<$max gen　　max gen 为最大进代数

Go step 4

Else

Output P_{t+1}　　输出最终非劣解

（2）子程序（选择操作）。

Until $|P_{t+1}|+|F_i|\leqslant N$　　直到父代群体个数为 N

$P_{t+1}=P_{t+1}\bigcup F_i$　　　　　　将第 i 层个体加入到父代群体

$i=i+1$

Crowding$-$distance$-$assignment(F_i)　　计算 F_i 中个体的拥挤距离

Sort $(F_i, >_n)$　　将第 i 层个体按$>_n$算子升序排列

$P_{t+1}=P_{t+1}\bigcup F_i[N-|P_{t+1}|]$　　将第 i 层前 $(N-|P_{t+1}|)$ 个个体加入父代群体

7.4　实例分析

本节以某钢筋混凝土梁式渡槽结构为例（图7.7），研究其最优维护管理计划问题，即解决以安全性能、耐用年数最大和 LCC 最小为目标的寿命周期内何时维修（维修时间）、用什么方法维修（维修方法）的策略问题。

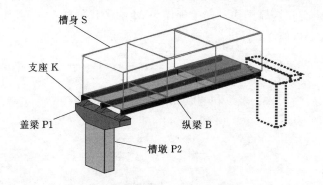

图 7.7　钢筋混凝土梁式渡槽结构简图

7.4.1　建立各构件的劣化模型

根据图 7.7 中渡槽的结构特点，将其分为：槽身、纵梁、支座、盖梁、槽

墩5个构件。混凝土构件劣化的主要原因除结构的环境条件、气象条件、外力条件等外在因素外，还包括设计条件以及施工条件等内在因素。为简化起见，这里根据工程所在地具体情况，环境因素仅考虑氯离子破坏（盐害）和碳化两个主要因子，将各构件的劣化过程概化为如图 7.8～图 7.10 所示的曲线。主要考虑槽墩 P2、盖梁 P1、槽身 S 及纵梁 B 在环境因素作用下钢筋面积（残余率）的变化过程。该建筑物位于沿海高盐害地区，故 P1、P2、B、S 均选用盐害强的劣化曲线；支座的寿命取其产品保证书上的年限 80 年，即 0～80 年其性能指数为 1，80 年后为 0。

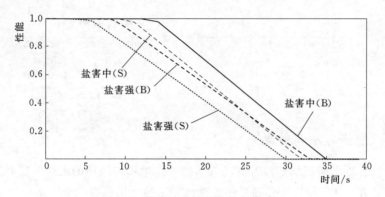

图 7.8　槽身和纵梁的性能劣化过程

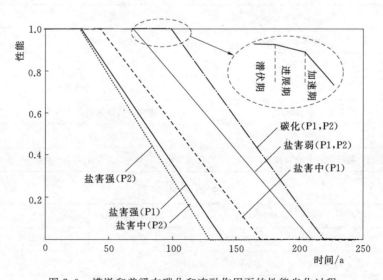

图 7.9　槽墩和盖梁在碳化和冻融作用下的性能劣化过程

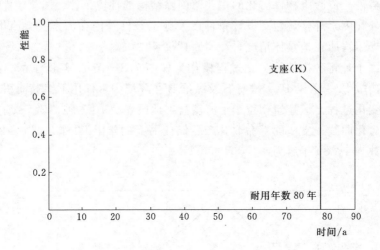

图 7.10 支座的劣化曲线

7.4.2 维修方法与效果

钢筋混凝土建筑物的修补方法有多种，这里将拟采用的维修方法及其效果列表，见表 7.1。各构件分别采用各维修方法的费用见表 7.2。

表 7.1 几种维修方法的效果

序号	维 修 方 法	效果（平均）
1	表面涂层	维持 7 年耐久性
2	表面被覆（丙乳砂浆抹面）	维持 10 年耐久性
3	断面修复	劣化曲线恢复到初建水平
4	脱氯、重新碱化	劣化曲线恢复到初建水平
5	通电防蚀	维持耐久性 40 年
6	断面修复＋表面被覆	劣化曲线恢复到初建水平，且维持 10 年耐久性不变

表 7.2 各 构 件 的 维 修 费 用 单位：元

维修方法	槽身（S）	纵梁（B）	盖梁（P1）	槽墩（P2）	支座（K）
表面涂层	71400	16065	8772	12920	
表面被覆（丙乳砂浆抹面）	252000	56700	30960	45600	
断面修复	1891680	425628	232406.4	342304	
脱氯、重新碱化	323400	72765	39732	58520	

维修方法	槽身（S）	纵梁（B）	盖梁（P1）	槽墩（P2）	支座（K）
通电防蚀	357000	80325	43860	64600	
断面修复＋表面被覆	2070600	465885	254388	374680	
更新					18900

7.4.3　优化结果及分析

　　采用式（7.16）～式（7.20）的多目标函数和约束条件，并定义式（7.18）中最低耐用年限 $[Y_r]$ 为30年，式（7.20）中的最低劣化率 $[S_r]$ 为0.6，结构最大耐用年限100年。设置遗传算法的参数：染色体长度为50（采用实数编码），交叉率为0.6，变异率为0.1，群体规模为270，进化代数为1000代。得到的最后一代非劣解（115个）的分布如图7.11所示。各目标值随进化代数增加而变化的情况如图7.12～图7.14所示。可以看出，随着进化

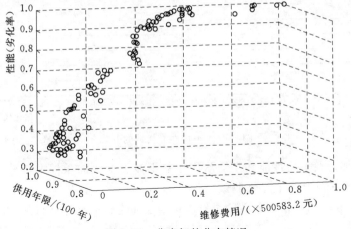

图 7.11　非劣解的分布情况

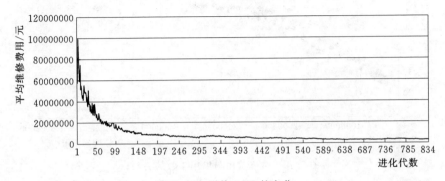

图 7.12　平均 LCC 的变化

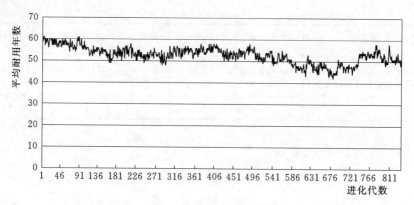

图 7.13　平均耐用年数的变化

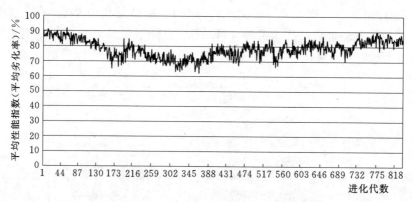

图 7.14　平均性能指数的变化

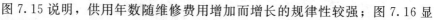代数的增加，在平均性能和平均耐用年数不显著变化的条件下，平均 LCC 大幅降低，在 600 代左右基本收敛。

　　图 7.15 说明，供用年数随维修费用增加而增长的规律性较强；图 7.16 显

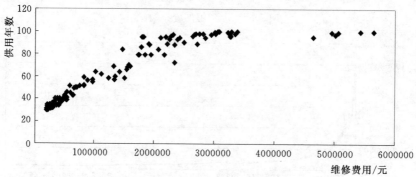

图 7.15　维修费用与供用年数的关系

示结构性能与维修费用具有一定正相关性，但规律性稍差；图 7.17 中供用年数与结构性能的关系点子更为杂乱。这主要是因为此维修计划优化采用了 3 个目标，目标之间有竞争，且某个目标对另外一个目标的影响不是独立的；另外，建筑物的供用年数由寿命最短的构件决定，类似于"短板效应"。

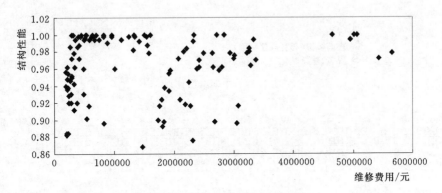

图 7.16　维修费用与结构性能的关系

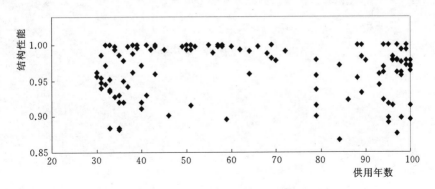

图 7.17　供用年数与结构性能的关系

在得到的非劣解中，决策者可以根据需要和自己的偏好选择合适的方案。这里挑选出三个分别代表短期计划、中期计划和长期计划的维修方案，并绘于图 7.18～图 7.20。

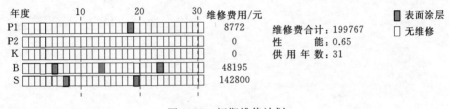

图 7.18　短期维修计划

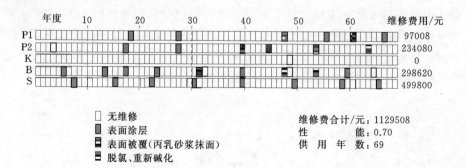

图 7.19　中期维修计划

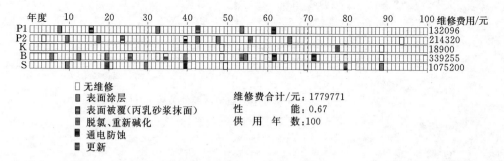

图 7.20　长期维修计划

第8章

结 论 与 展 望

 8.1 结论

近年来，我国对水利工程修建和维护管理投资巨大，因此，LCC 优化理论的引进和对具体优化模型与方法的研究具有重要的意义。本书主要在 LCC 理论及实用模型分析、水工结构劣化机理及劣化评价、劣化过程分析与预测、结构风险分析、设计与维修管理优化等方面展开了较深入地研究，主要研究成果如下：

（1）通过对 LCC 理论的研究，建立了实用的 LCC 分析模型，为本书以及更进一步的研究奠定了基础。

（2）通过对传统水利工程劣化评价方法的改进和优势结合，提出了更加合理的模糊可拓层次分析评价模型。另外，为实现评价过程的自动化，将 BP 神经网络模型应用于水利工程劣化程度评价，该模型通过对已有评价实例的学习，使被隐含在实例中的知识以权重的形式保存在网络中，利用训练好的网络可以实现对新数据的评价。

（3）水工结构劣化过程的不确定性是客观存在的，为了更准确地分析与预测劣化进程，应用了随机 Markov 过程，并就其转移概率的计算和利用已知数据对转移过程的修正方法进行了研究。另外，同时考虑结构劣化过程本身以及维修效果的不确定性，建立了水工结构劣化过程的概率模型，并利用 MCS 方法对结构劣化进程进行定量描述。

（4）创新性地提出 MCMC 方法和 subset 法相结合的水工结构可靠度计算方法。利用 MCMC 方法的 Metropolis - Hastings 抽样方法可以产生符合任意分布的随机变量的抽样结果，而 subset 法实现了抽样分布的动态模拟，在保证模拟精度的同时有效地减少了模拟次数。MCMC 方法和 subset 法相结合有效地弥补了 MCS 方法的不足，不仅适用于水工结构失效概率的计算，也为数值模拟方法在其他领域的进一步应用提供了更有效的计算方法。

（5）为实现 LCC 理论在水工结构优化中的应用，分别建立了适用于水工结构在设计阶段和维修管理阶段使用的具体优化模型。模型的合理性在于不仅考虑了结构的 LCC，而且考虑了结构的安全水平及服役年限等具体要求。

（6）针对基于 LCC 的水工结构设计与维修优化模型的特点，不仅引进 PSO 算法用于水工结构设计优化，而且通过对多目标遗传算法 NSGA - Ⅱ 的改进，提出了全新的 GNSGA - Ⅱ，该算法的特点主要反映在遗传个体选择过程中，非劣解的排序不仅基于优化目标，而且考虑了个体对约束的违反程度。GNSGA - Ⅱ 为多目标遗传算法应用于带约束的优化问题提供了切实可行的方法和思路。

8.2 展望

未来工程实践不仅需要解决技术问题，还需要决策阶段的经济与成本分析。LCC 优化为战略性方法，其优化目标是保证结构的设计、施工、维护等能给现在和未来带来更大效益。该方法具有广泛的工程应用前景和重大的社会、经济效益。本书基于 LCC 理论对水利工程设计与维修管理阶段的决策进行优化，既避免了传统设计优化方法的不足，又通过制订合理的维修计划有效地降低了维修成本。但由于该领域的研究尚处于起步阶段，目前的工作还有待于进一步完善，建议以后在以下几个方面展开更加深入的研究：

（1）本书基于 LCC 理论的水工结构设计优化仅考虑了结构的初始成本和失效成本，如何在此基础上，进一步考虑不同设计方案对应的施工成本、维修管理成本的不同，真正实现 LCC 优化贯穿于结构寿命周期各阶段。

（2）水工结构系统可靠度及时变可靠度的研究。考虑结构体系的各种失效模式及相关性，利用结构体系可靠度计算方法得到结构体系的失效概率；另外，由于处于不同可靠度水平的结构抵抗风险的能力不同，因此考虑结构寿命周期内的时变可靠度是保证结构风险分析合理性的基础。

（3）考虑结构在任意时刻的可靠度水平与地震、洪水等突发事件组合情况下结构的风险分析与评价。

（4）失效成本是影响基于 LCC 的水工结构优化结果的关键因素，因此，水利工程失效成本（包括由于工程失效造成的直接经济损失和间接损失）的计算方法研究是进一步研究的重点。

（5）对水工混凝土结构各种补修措施的单位成本、工期及效果的调查。

（6）基于 LCC 的建筑物群的维修优化研究。

参 考 文 献

[1] 张怀芝，彭云枫，熊堃. 基于遗传算法的重力坝整体优化设计 [J]. 水利科技与经济，2007，13（14）：230-232.

[2] 刘建雄，陈尧隆，李守义，等. 基于遗传算法的拱坝体型优化设计 [J]. 西北水利发电，2006，22（4）：57-58.

[3] 张永生. 水闸整体式平底板结构优化设计 [J]. 黑龙江水专学报，1997，No.3：29-32.

[4] 杨开云，白新理，凌志飞，等. 预应力U型薄壁结构整体结构优化 [J]. 水利水电技术，2004，35（8）：46-48.

[5] 程心恕，陈少宝，程旭日. 基于可靠性概念的重力坝优化设计 [J]. 福州大学学报（自然科学版），1998，26（4）：76-80.

[6] 韩李明. 考虑寿命周期成本的灌区水工建筑物群维修计划优化 [D]. 保定：河北农业大学，2010.

[7] 张怡. 浅析寿命周期成本（LCC）管理的应用 [EB/OL]. [2006-11-23]. www.china.eam.cn.

[8] 曲东才. 大型武器装备的全寿命周期费用分析 [J]. 航空科学技术，2004（5）：27-31.

[9] 解新安，曾敏刚，陈清林，等. 生命周期投资估算方法及其在化工工程项目中的应用 [J]. 化工技术经济，2001，19（1）：38-40.

[10] Frangopol D M, Lin K Y. Life-cycle cost design of deteriorating structures [J]. Journal of structural engineering, 1997, 123 (10): 1390-1401.

[11] Abaza K A. Optimum flexible pavement life-cycle analysis model [J]. Journal of transportation engineering, 2002, 128 (6): 542-549.

[12] Min Liu, Frangopol D M. Bridge annual maintenance prioritization under uncertainty by multi-objective combinatorial optimization [J]. Computer-aided civil and infrastructure engineering, 2005, 20 (5): 343-353.

[13] Kong J S, Frangopol D M. Cost-reliability interaction in life-cycle cost optimization of deteriorating structures [J]. Journal of structural engineering, 2004, 130 (11): 1704-1712.

[14] Lim Jong-kwon. A practical life-cycle cost analysis system for steel bridges [J]. Advances in life-cycle analysis and design of civil infrastructure system, 2005: 340-377.

[15] Kwang-Min Lee. Life-cycle cost effective optimal seismic design for continuous PSC bridges [J]. Advances in life-cycle analysis and design of civil infrastructure system, 2005: 247-251.

[16] Hitoshi Furuta. Optimal restoration scheduling for earth disaster using life-cycle cost

[J]. Advances in life – cycle analysis and design of civil infrastructure system，2005：60 – 65.

[17] Ali Tighnavard Balasbaneh，Abdul Kadir Bin Marsono，Adel Gohari. Sustainable materials selection based on flood damage assessment for a building using LCA and LCC [J]. Journal of cleaner production，2019，222 (JUN. 10)：844 – 855.

[18] 钟卿. 基于全寿命周期成本的桥梁设计理论研究 [D]. 长沙：湖南大学，2006.

[19] 邵旭东，彭建新，晏斑夫. 桥梁全寿命设计方法框架性研究 [J]. 公路，2006 (1)：44 – 49.

[20] 张慧丽，黄晓明，张永满. 路面全寿命周期费用分析中风险分析方法 [J]. 中外公路，2006，26 (4)：69 – 72.

[21] 马婧，吴鑫淼，郄志红. 考虑全寿命周期成本的供水管网优化设计 [J]. 人民长江，2016，47 (24)：60 – 63.

[22] 康燕玲. 水工混凝土建筑物老化病害机理和现场检测技术介绍 [J]. 海河水利，2004，(6)：53 – 55.

[23] 陈一飞. 混凝土结构劣化机理及耐久性设计研究 [J]. 煤炭工程，2003 (12)：48 – 50.

[24] 钟亚伟，李固华. 沿海混凝土耐久性研究综述 [J]. 四川建筑科学研究，2007，33 (1)：90 – 95.

[25] 陈澜涛，周学杰，韩春鸣，等. 水环境混凝土中钢筋腐蚀及其研究的现状与趋势 [J]. 全面腐蚀控制，2006，20 (3).

[26] 葛燕，朱锡昶. 氯化物环境钢筋混凝土的腐蚀和牺牲阳极保护 [J]. 水利水电科技进展，2003，25 (4).

[27] 王军强，沈德建，曹小玉. 水工混凝土结构钢筋锈蚀机理及其检测评定 [J]. 江苏煤炭，2003 (4)：51 – 53.

[28] 金初阳，柯敏勇，洪晓林，等. 水闸病害检测与评估分析 [J]. 水利水运科学研究，2000 (1)：73 – 76.

[29] 颜振元，白玉慧，张庆华，等. 土坝老化程度评价指标研究 [J]. 山东水利科技，1997 (3)：55 – 57.

[30] 林齐宁. 决策分析 [M]. 北京：北京邮电大学出版社，2003.

[31] 梁烜. 桥梁状态综合评价及预测方法研究 [D]. 北京：北京工业大学，2006.

[32] 郭立夫. 决策理论与方法 [M]. 北京：高等教育出版社，2006.

[33] 邱卫根，罗中良. 物元可拓集合性质研究 [J]. 数学的实践与认识，2006，36 (2)：228 – 233.

[34] 成先娟. 不确定型层次分析法排序方法的研究 [D]. 南宁：广西大学，2006.

[35] 高洁，盛朝翰. 可拓层次分析法研究 [J]. 系统工程，2002，20 (5)：8 – 11.

[36] 李东方，李平. 基于改进模糊综合评判的水闸安全性评价 [J]. 人民黄河，2005，27 (9)：47 – 49.

[37] 郄志红. 大坝安全监测资料正反分析的智能软计算方法及其应用 [D]. 天津：天津大学，2005.

[38] 范颖芳，周晶，张京英. 应用人工神经网络预测锈蚀钢筋与混凝土黏结性能 [J]. 工业建筑，2002，32 (9)：48 – 50.

[39] 丁季华,邢光忠,李磊.水闸老化评估神经网络专家系统知识获取方法 [J].上海大学学报,2006,12 (5):539-542.

[40] 崔德密,乔润德.水闸老化病害指标分级综合评估法及应用 [J].人民长江,2001,32 (5):40-41.

[41] 郭珊珊,郭萍,李茉.基于多目标遗传算法的集系配水优化模型 [J].中国农业大学学报,2017,22 (7):71-77.

[42] 刘嘉焜.应用随机过程 [M].北京:科学出版社,2000.

[43] 张宸,林启太.模糊马尔科夫链状预测模型及其工程应用 [J].武汉理工大学学报,2004,26 (11):63-66.

[44] 吕颖钊,贺拴海.在役桥梁承载力模糊可靠性的马尔科夫预测 [J].长安大学学报,2005,25 (4):39-43.

[45] 刁荣亭.在役梁桥结构模糊可靠性评价及其马尔科夫寿命预测 [D].西安:长安大学,2006.

[46] 张晓华,邱延峻.基于逆阵的路面综合性能马尔可夫预测 [J].东北公路,2003,26 (3):7-10.

[47] 姚继涛,钟超英.结构状态的马尔科夫链模型及其统计推断 [J].西安建筑科技大学学报,2000,32 (3):242-244.

[48] 张昊.应用 Monte Carlo 方法对矿井瓦斯涌出不确定性的分析 [D].西安:西安科技大学,2006.

[49] 袁景,张秀丽.基于 Monte-Carlo 方法的边坡可靠性分析 [J].辽宁工程技术大学学报,2005,24 (2):10-12.

[50] 王岩.Monte-Carlo 方法应用研究 [J].云南大学学报,2006,28 (S1):23-26.

[51] 唐辉明.公路高边坡岩土工程信息化设计的理论与方法 [M].北京:中国地质大学出版社,2003.

[52] 卜继勘.蒙特卡洛随机模拟法在水电工程风险分析中的应用 [J].东北水利水电,2003.

[53] 刘扬,尚守平,张建仁.锈蚀条件下混凝土桥梁构件中钢筋强度的退化模型 [J].桥梁建设,2003 (3).

[54] 戴宇文,韩大建.桥梁管理系统中的桥梁退化模型实现 [J].水运工程,2005 (9):78-82.

[55] 李典庆,唐文勇,张圣坤.基于浮点编码遗传算法的钢闸门主梁优化设计 [J].中国农村水利水电,2003 (4):29-32.

[56] 李忠华,何洪民.水工混凝土结构设计新规范在水利工程中的应用 [J].水利科技与经济,1996,2 (3):123-126.

[57] 李清富,王海,邓利玲.结构可靠度理论在水工结构设计与管理中的应用 [J].河南科学,1999,17 (3):290-295.

[58] 牟广丞.可靠度理论用于水工结构设计规范编制的几点建议 [J].水利水电工程设计.1999 (4):41-42.

[59] 陈艳,刘宁,杨海霞,等.水工结构功能设计综合分析-全寿命期内的影响因素初探 [J].水利水电工程设计,2004,23 (3):15-19.

[60] 邓子胜.工程结构可靠度设计的研究与应用进展 [J].五邑大学学报自然科学版,

2001，15（3）：19－25.

[61] 王婷. 混凝土重力坝的可靠性分析 [D]. 阜新：辽宁工程技术大学，2005.

[62] 齐延丽. 浅谈结构优化设计发展的影响因素 [J]. 四川建筑，2007，27（2）：174－175.

[63] 张树恒，黄频，张铁成. 结构可靠度分析的实用方法研究 [J]. 四川建筑，2006，26（2）：79－81.

[64] 朱殿芳，陈建康，郭志学. 结构可靠度分析方法综述 [J]. 中国农村水利水电，2002（8）：47－49.

[65] 安超，解伟. 结构点可靠度在水工结构中的应用 [J]. 东北水利水电，2005，23（257）：9－11.

[66] 任锋，曲华明. 结构可靠性分析中蒙特卡洛模拟的应用 [J]. 济南大学学报，2000，10（2）：68－70.

[67] 王金龙. 基于蒙特卡罗法的结构可靠度分析 [J]. 潍坊学院学报，2006，6（6）：76－78.

[68] 董雯雯. 基于寿命周期成本理论的水工结构优化 [D]. 保定：河北农业大学，2009.

[69] 马超，吕震宙，傅霖. 基于重要抽样马尔可夫链模拟的可靠性参数灵敏度分析方法 [J]. 西北工业大学学报，2007（1）：51－55.

[70] 刘乐平，袁卫. 现代贝叶斯分析与现代统计推断 [J]. 经济理论与经济管理，2004：（6）64－69.

[71] Greig D M, Porteous B T, Seheult A H. Discussion of Besag's paper [J]. Journal of the Royal Statistical Society B, 1974, 36：230－231.

[72] 赵琪. MCMC 方法研究 [D]. 济南：山东大学，2007.

[73] 王建平，程声通等. 基于 MCMC 法的水质模型参数不确定性研究 [J]. 环境科学，2006，27（1）：24－30.

[74] Siddhartha Chib, Edward Greenberg. Understanding the Metropolis－Hastings algorithm [J]. The American Statisician, 1995, 49（4）：327－335.

[75] 宋述芳，吕震宙. 高维小失效概率可靠性分析的序列重要抽样法 [J]. 西北工业大学学报，2006，24（6）：782－785.

[76] 王培崇. 群体智能算法及其应用 [M]. 北京：电子工业出版社. 2015.

[77] 曾建潮，介婧，崔志华. 微粒群算法 [M]. 北京：科学出版社，2004.

[78] Kennedy J. The particle swarm：social adaptation of knowledge [C] //Proceedings of 1997 IEEE International Conference on Evolutionary Computation, December 12－15, 1997, Indiamapolis. Canada：IEEE, 1997：303－308.

[79] Kennedy J, Eberhart R. Particle swarm optimization [C] //Proceedings of the IEEE International Conference on Networks, May, Perth. Canada：IEEE, 1995：1942－1948.

[80] Shi Yuhui, Eberhart R. A modified particle swarm optimizer [C] //Proceedings of the IEEE International Conference on Evolutionary Computation, January, 1998, Anchorage. Canada：IEEE, 1998, 69－73.

[81] Shi Yuhui, Eberhart R. Parameter selection in particle swarm optimization [C] //Proceedings of the 7th Annual Conference on Evolutionary Programming, 1998, Washing-

ton D C.

［82］ Shi Yuhui, Eberhart R. Empirical study of particle swarm optimization ［C］//Proceedings of the Congress on Evolutionary Computation, 1999, Washington D C.

［83］ Suganthan P N. Particle swarm optimiser with neighbourhood operator ［C］//Proceedings of the Congress on Evolutionary Computation, 1999, Washington D C.

［84］ 王允良, 李为吉. 粒子群优化算法及其在结构优化设计中的应用 ［J］. 机械科学与技术, 2005, 24 (2): 248 - 252.

［85］ 左东启, 王世夏, 林益才. 水工建筑物: 上册 ［M］. 南京: 河海大学出版社, 1995.

［86］ 袁文阳, 何金平, 彭庆芳, 等. 坝工设计的可靠度思维 ［J］. 中国农村水利水电, 1996: (8) 16 - 18.

［87］ 赵瑜, 张建伟, 张翌娜. GA 及惩罚函数思想在渡槽优化中的应用 ［J］. 灌溉排水学报, 2005, 24 (4): 73 - 76.

［88］ 祁顺彬. 考虑开裂约束的重力坝体型优化设计 ［D］. 南京: 河海大学, 2005.

［89］ 孙君森, 林鸿镁. 最优重力坝设计 ［J］. 水力发电, 2003, 29 (2): 16 - 19.

［90］ 陈进, 黄薇. 重力坝系统可靠度研究方法探讨 ［J］. 长江科学院院报, 1997, 14 (1): 22 - 24.

［91］ 瞿尔仁, 徐金, 束兵, 等. 重力坝抗滑稳定的结构可靠度模型 ［J］. 合肥工业大学学报, 2004, 27 (4): 376 - 379.

［92］ 赵国藩, 贡金鑫, 金伟良. 结构可靠度理论 ［M］. 北京: 中国建筑工业出版社, 2000.

［93］ 中华人民共和国水利部. 混凝土重力坝设计规范: SL 319—2018 ［S］. 北京: 中国水利水电出版社, 2018.

［94］ 曹去修, 柏宝忠, 王贵明. 重力坝深层抗滑稳定极限状态设计式探讨 ［J］. 人民长江, 2003 (7): 40 - 43.

［95］ 董聪. 结构系统可靠性理论: 进展与回顾 ［J］. 工程力学, 2001, 18 (4): 59 - 79.

［96］ 孙林松, 王德信, 许世刚. 进化策略在重力坝优化设计中的应用 ［J］. 河海大学学报, 2000, 28 (4): 104 - 106.

［97］ 王桂萱, 中村秀明, 晏班夫, 等. 利用遗传及免疫算法进行桥梁维修管理计划的优化 ［J］. 土木工程学报, 2005, 38 (8): 128 - 134.

［98］ 王桂萱, 肖素兵, 中村秀明. 利用粒子群优化算法进行桥梁维修管理计划的优化 ［J］. 公路交通科技, 2007, 24 (7): 64 - 69.

［99］ 田小梅, 郑金华. 一种有效的基于实数编码的多目标遗传算法 ［J］. 湘潭大学自然科学学报, 2005, 27 (2): 70 - 76.

［100］ 岳金彩, 郑世清, 韩方煜. 多目标遗传算法及在过程优化综合中的应用 ［J］. 计算机与应用化学, 2006, 22 (8): 749 - 751.

［101］ 杨善学. 解决多目标优化问题的几种进化算法 ［D］. 西安: 西安电子科技大学, 2007.

［102］ 朱建才, 李为吉. 多目标优化方法库的开发与应用研究 ［D］. 西安: 西北工业大学, 2006.

［103］ 王鹏. 基于 pareto front 的多目标遗传算法在灌区水资源配置中的应用 ［J］. 节水灌溉, 2005 (6).

[104] 翟仁健. 基于遗传多目标优化的线状水系要素自动选取研究 [D]. 郑州：解放军信息工程大学，2006.

[105] 唐欢容，郑金华，蒋浩. 用基于快速排序的 MOGA 求解 MOKP [J]. 湘潭大学自然科学学报，2005，27（2）：50-53.

[106] 赵瑞. 多目标遗传算法的应用研究 [D]. 天津：天津大学，2005.

[107] 郑强. 带精英策略的非支配排序遗传算法的研究与应用 [D]. 杭州：浙江大学，2006.

[108] 陈国良，王煦法，庄镇泉，等. 遗传算法及其应用 [M]. 北京：人民邮电出版社，1996.

[109] 赵君莉，杨善学，王宇平. 改进的非支配排序遗传算法 INSGA-Ⅱ [J]. 西安科技大学学报，2006，26（4）：529-531.

[110] 章新华. 遗传算法及其应用 [J]. 火力与指挥控制，1997，22（4）：49-53.

[111] 游进军，纪昌明，付湘. 基于遗传算法的多目标问题求解方法 [J]. 水力学报，2003（7）：64-69.

[112] 魏小明. 基于遗传算法的排桩-钢支撑支护结构优化设计 [D]. 重庆：重庆大学，2006.

[113] 陈小庆，侯中喜，郭良民，等. 基于 NSGA-Ⅱ 的改进多目标遗传算法 [J]. 计算机应用，2006，26（10）：2453-2456.

[114] 蒋浩，唐欢容，郑金华. 一种基于快速排序的快速多目标遗传算法 [J]. 计算机工程与应用，2005，（30）：46-48.

[115] 陈刚，胡莹，徐敏，等. 基于 NSGA-Ⅱ算法的 RLV 多目标再入轨迹优化设计 [J]. 西北工业大学学报，2006，24（2）：133-136.

[116] 王青松，谢兴生，周光临. 一种改进的非支配排序遗传算法 [J]. 信息技术与网络安全，2019，38（5）：28-32，36.

[117] 夏海兵，姚安林，尹继明. 基于加固寿命周期成本最小的桥梁维修决策 [J]. 公路交通技术，2007（1）：111-113.

[118] 王光远，季天健，张鹏. 抗震结构全寿命预期总费用最小优化设计 [J]. 土木工程学报，2003，36（6）：1-6.

[119] 滕海文，霍达，马建春. 在役抗震结构的最小费用维修策略优化方法 [J]. 北京工业大学学报，2003，29（3）：325-327.

[120] 秦权. 基于时变可靠度的桥梁检测与维修方案优化 [J]. 公路，2002（9）：17-24.

[121] 吴锡蛟，周文献. 基于寿命周期成本分析的路面养护维修决策方法初探 [J]. 上海公路，2006（4）.

[122] 张爱林. 基于功能可靠度的结构全寿命设计理论研究综述 [J]. 北京工业大学学报，2000，26（3）：55-58.

[123] 刘小虎. 桥梁加固方案选择及资金分配策略 [D]. 大连：大连理工大学，2005.

[124] 陆春华，袁思奇，高远. 基于钢筋锈蚀的混凝土结构全寿命周期成本优化设计分析 [C] //第 24 届全国结构工程会议论文集（第Ⅰ册）. 北京：工程力学杂志社，2015：520-525.

[125] 古田均，小山和裕. 耐震性能の差に注目したRC橋脚のライフサイクルコスト解析 [J]. 材料，2005，54（1）：25-31.

[126] Kong J S, Frangopol Dan M. Life – cycle reliability – based maintenance cost optimization of deteriorating structures with emphasis on bridges [J]. Journal of structural engineering, 2003 , 129: 818 – 824.

[127] 苏卫国. 寿命周期成本分析在道路工程设计中的应用 [J]. 公路, 2002 (12): 94 – 98.

[128] 佐藤吉彦. 日本高速铁路的全寿命维护 [J]. 中国铁道科学, 2001, 22 (1): 6 – 15.

[129] 张文泉, 李泓泽, 何文秀, 等. 价值设计与寿命周期成本 [J]. 价值工程, 1999 (2): 22 – 23.

[130] 张翔宇, 董增川, 马红亮. 基于改进多目标遗传算法的小浪底水库优化调度研究 [J]. 水电能源科学, 2017, 35 (1): 65 – 68.

[131] 鈴木大造. 道路橋のアセットマネジメントえを考慮した最適化維持管理計画に関する研究 [R] //関西大学土木工学科構造システム研究室の特別研究論文. 2005.

[132] 日本土木学会構造工学委員会構造物の性能設計における応用技術研究小委員会 [C] //Proceedings of The 9th Symposium on Design Engineering. Tokyo, 2015.

[133] 潘家铮. 水利建设中的哲学思考 [J]. 中国水利水电科学研究院学报, 2003, 1 (1): 1 – 8.